水肥一体化控制系统

灌溉首部智能水肥一体控制机

智能水肥一体控制机

灌溉首部自动反冲洗过滤系统

排气阀

减压阀

自动反冲洗砂石过滤器（GLSS-4803-8FT）+自动反冲洗叠片过滤器（GLSH404-8FT130）

自动反冲洗叠片过滤器

自动反冲洗叠片过滤器安装图

内 容 提 要

为了讲好节水农业的故事，为了学习好、传承好节水农业的要求，我们组织了国内相关高校和企事业单位从事节水农业相关工作的技术人员，组成了节水农业科普书籍编委会，采用问答形式、技术模式介绍与新媒体技术相结合的方式共同讲好节水农业的故事。全书共分八章，分别介绍了节水农业的意义、节水农业的基础知识、传统农业节水技术、高效节水灌溉技术、现代节水灌溉技术、不同农田生产环境下节水技术实施要点、农业节水管理、典型节水农业技术与案例。根据相关资料并结合参编人员自身实践，用深入浅出的文字、直观的图表和实用的视频，编写了本书。本书理论与生产实践紧密结合，整编了目前生产实践中经常使用的节水农业技术，系统梳理了节水农业基本理论及实用技术相关知识。本书适用于种植户、灌溉企业、肥料企业、农业和水利技术推广部门及园林园艺、经济林业等部门的技术与管理人员阅读，也可供农业和水利高等院校相关专业师生参考。

节水农业

实用问答及案例分析

（视频图文版）

王春霞　梁　飞　郭再华　主编

中国农业出版社
北　京

本书编委会

主　　编　王春霞　梁　飞　郭再华

副 主 编　李贵宝　魏义长　付秋萍　王国栋　王瑞萍　焦　娟

参编人员（按姓氏笔画排序）

王兴鹏　王军涛　石　磊　田宇欣　朱红艳　李全胜
李贵宝　余德芳　谷端银　张泽中　陈　晴　林　萍
林文真　林红兵　洪　明　夏玉红　黄中伟　龚　萍
梁　斌　彭遵原　舒俊华　温正堂

参编单位　新疆农垦科学院
石河子大学
华中农业大学
华北水利水电大学
新疆农业大学
中国水利学会学术交流与科普部
巴彦淖尔市水利科学研究所
泰安市农业科学院
青岛农业大学
黄河水利委员会黄河水利科学研究院
西安理工大学
塔里木大学
国家节水灌溉工程技术研究中心（新疆）
湖北省孝感市孝南区农业农村局
湖北省孝感市云梦县农业农村局
灌溉人俱乐部
福建大丰收灌溉科技有限公司
新疆宏研智慧农业科技有限公司
新疆甘霖农业科技发展有限公司
宁波格莱克林流体设备有限公司

前 言

FOREWORD

水是生命之源、生产之要、生态之基，我国用全球6%左右的淡水资源养活着全球18%左右的人口；人均水资源量短缺、分布不平衡、工农业用水矛盾突出等问题已成为近年来经济、社会发展的主要制约因素。农业是我国用水大户，近年来农业用水量约占经济社会用水总量的62%，部分地区高达87%以上。农业用水整体效率不高，节水潜力很大。

水利是农业的命脉。五千年前就有大禹治水的故事；在公元前11世纪末至公元前8世纪，西周时期的沟洫灌溉建设中已有犹如现代称谓的干渠、支渠、斗渠、农渠、毛渠组成的灌溉系统；战国时期修建的郑国渠灌溉了关中地区的数万顷农田。我国历史上不仅有较为发达的水利事业，还在漫长的生存发展过程中，创造了灿烂的节水农业文明。战国时期的《吕氏春秋》、汉代的《氾胜之书》、北魏时期《齐民要术》等都有对节水农业的描述，说明在公元6世纪以前，我国北方防旱保墒的节水农业技术体系就已基本形成。

节水农业是缓解农业用水供需矛盾，实现可持续农业的重要措施。节水农业就是在有限的水资源条件下，采用先进的工程技术、适宜的农艺措施和科学的管理技术等综合措施，最大限度提高农业用水的利用效率和生产效益；节水农业包括节水旱地农业和节水灌溉农业。在我国农业的长期发展中形成了渠道防渗、管道输水、喷灌、微灌、畦灌、沟灌、抗旱保墒、适水种植、集雨灌溉、抗旱育种、水肥耦合等一系列节水措施和手段。

2020年6月习近平总书记在宁夏考察时讲到，天下黄河富宁夏，黄河长期以来润泽着这里的百姓。要调整种植结构，保护好这里的水资源，积极发展节水型农业，不要搞大水漫灌。绝大部分从事节水农业的科技人员热血澎湃、信心满满，但是在整理和学习节水农业相关资料的时候，却发现许多节水农业方面的科普书籍都年代久远，需要补充完善。

为此，在中国农业出版社魏兆猛编辑的倡议下，王春霞、梁飞、郭再华等人邀请了国内相关高校和企事业单位从事节水农业相关工作的技术人员，组成了节水农业科普书籍编委会，共同参与本书的编写。经过编委会成员和出版社编辑多次视频会议交流，我们共同决定采用问答形式、技术模式介绍与新媒体技术结合的方式讲好节水农业的故事。全书共分八章，分别介绍了节水农业的意义、节水农业的基础知识、传统节水技术、高效节水灌溉工程、现代节水技术、不同农田生产环境下节水技术实施要点、农业节水管理、典型节水农业技术案例。根据各方面的相关资料并结合参编人员自身实践，用深入浅出的文字、直观的图表和实用的小视频，编写了本书。本书理论与生产实践紧密结合，整编了目前生产实践中经常使用的节水农业技术，系统梳理了节水农业基本理论及实用技术相关知识。本书适合于种植户、灌溉企业、肥料企业、农业和水利技术推广部门及园林园艺、经济林业等部门的技术与管理人员阅读，也可供农业和水利高等院校相关专业师生参考。

本书由王春霞、梁飞统筹编写，王春霞、梁飞和郭再华负责全书的通稿、校订和审核，第一到七章由王春霞、郭再华、王瑞萍、付秋萍、魏义长、梁飞、焦娟、李贵宝统筹编写；第八章由王春霞、王国栋、郭再华统筹整理；编委会其他成员分别编写了部分问答，提供相关视频、图片资料，参与了全书的文字校对与审阅，梁飞对全书做最后的审阅定稿。本书稿虽然经过多次修改，但由于业务水平有限，疏漏与不足之处在所难免，望读者批评指正。

最后，本书部分内容得到了国家重点研发计划课题（2017YFD0201506、2017YFD0201507、2017YFC0404304）、

新疆生产建设兵团中青年科技创新领军人才计划（2018CB026）、新疆生产建设兵团科技攻关与成果转化计划项目（2016AC008）、国家自然科学基金资助项目（31460550）、水利部公益性行业科研专项（201401078）等项目资助，特此感谢！

编　者

2021年2月

目 录

CONTENTS

第三章　传统农业节水技术

第四章 高效节水灌溉技术

第五章　现代节水灌溉技术

第六章　关键农业节水技术的实施要点

第七章　公众参与的农业节水知识

第一章　节水农业的意义

1 我国水资源状况如何？

水资源的概念通常从广义和狭义两个方面来理解。广义方面是指自然界中存在的水，包括气态水、液态水和固态水。狭义方面则指可以提供给人类直接利用，并且能不断更新的天然淡水，主要是指陆地上的地表水和地下水。通常以淡水水体的年补给量作为水资源的定量指标，用河川年径流量表示地表水资源量，用地下含水层补给量表示地下水资源量。我国水资源总体特征如下：

（1）水资源总量丰富，但人均水资源量短缺　我国水资源总量为2.8万亿 m^3，居世界第6位。但目前我国人均水资源量仅为2 200 m^3，是世界平均水平的28%。据不完全统计，我国每年缺水500多亿 m^3，600多座城市中有400多个“不够喝”。

（2）水资源分布不平衡，形成南多北少、东多西少的格局（图1-1）　长江及其以南水系的流域面积占全国国土总面积的36.5%，其水资源量占全国总量的81%；淮河及其以北的流域面积占全国国土总面积的63.5%，其水资源量仅占全国总量的19%。

（3）河川径流的季节变化明显，多数呈现夏丰、冬枯的特征　如长江以南及云贵高原以东的地区在4～7月份径流量占年径流量的60%，长江以北6～9月份则为80%，西南地区7～10月份则为60%～70%；水资源年内的分布不均，导致洪灾和旱灾交替发生，使得水资源供需矛盾突出。

（4）工农业用水矛盾仍突出　2019年，全国用水总量

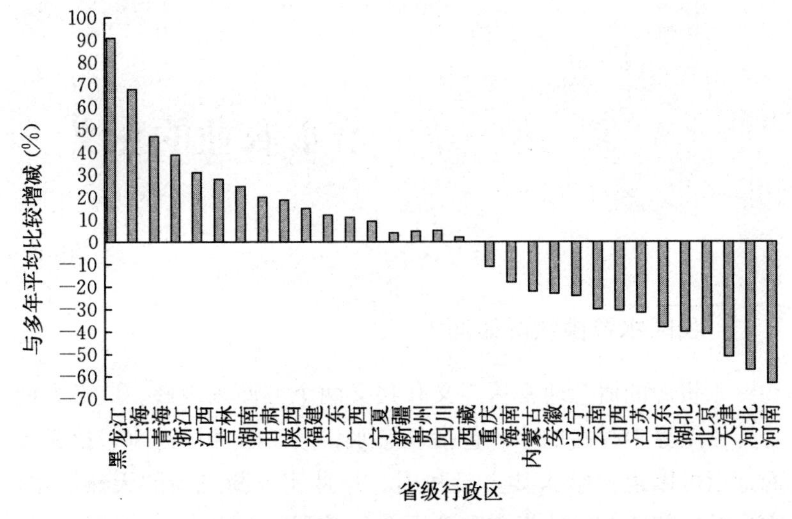

图 1-1　2019 年各省级行政区地表水资源量与多年平均值比较

来源：中国水资源公报

6 021.2 亿 m^3。其中，生活用水 871.7 亿 m^3，占用水总量的 14.5%；工业用水 1 217.6 亿 m^3，占用水总量的 20.2%；农业用水 3 682.3 亿 m^3，占用水总量的 61.2%；人工生态环境补水 249.6 亿 m^3，占用水总量的 4.1%。农业仍是第一用水大户。

2 水对农业可持续发展有何重要意义？

农业可持续发展是指在满足当代人需要，又不损害后代并满足其需要的发展条件下，采用不会耗尽资源或危害环境的生产方式，实行技术变革和机制性改革，减少农业生产对环境的破坏，维护土地、水、生物、环境不退化、技术运用适当、经济上可行以及社会可接受的农业发展战略。《中国 21 世纪议程》强调，农业是中国国民经济的基础、农业与农村的可持续发展，是中国可持续发展的根本保证和优先领域。

我们用全球 6%左右的淡水资源养活着全球 18%左右的人

口，水资源短缺是制约我国农业安全的重要因素。为使有限的水资源得到有效利用，提高农业生产的水利用率，积极推广科学高效的节水、用水方式势在必行。大力推行科学灌溉技术是缓解水资源紧缺的根本出路，也是提高农业综合生产能力、确保农业可持续发展的必然选择。

3 我国农业用水现状如何？

农业用水主要是指种植业灌溉、林业、牧业、渔业以及农村人畜饮水等方面的用水，其中种植业灌溉占农业用水量的90%以上。农业用水的水源主要包括降水、地表水、地下水、土壤水以及经过处理符合水质标准的非常规水（微咸水、再生水和回归水）等。

我国农业是用水大户，随着灌溉技术的发展，我国农业用水量在时间上先后经历了快速增长、缓慢增长和相对稳定的三个阶段。目前，我国农业用水基本实现“零增长”，农业用水占总用水量比例整体呈下降趋势，由1997年的70.4%降到2019年的61.2%（图1-2）；我国农业灌溉水有效利用系数逐年在提高，

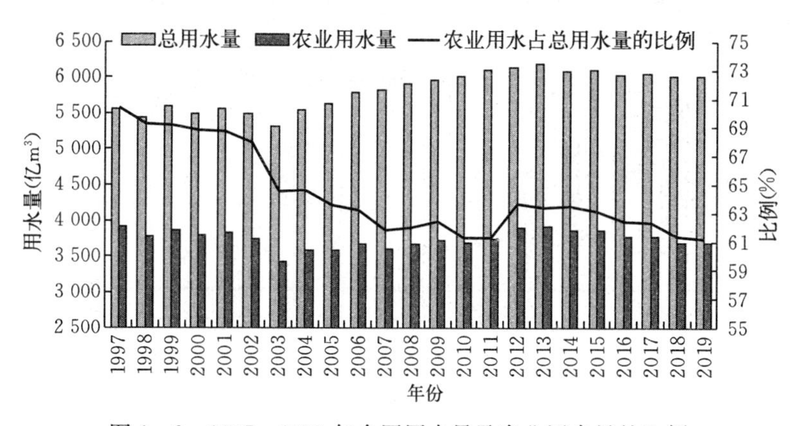

图1-2　1997—2019年全国用水量及农业用水量的比例

来源：中国工程院重大咨询项目·中国农业资源环境若干战略问题研究《农业高效用水卷　中国农业水资源高效利用战略研究》

由2007年的0.475增长到2019年的0.559，提高了17.7%（图1-3）；但整体上农业用水效率仍然偏低，仅为发达国家的78%。如果我们将灌溉水有效利用系数提高10%～15%，每年可减少用水量400亿～500亿m³，相当于再造一条黄河。

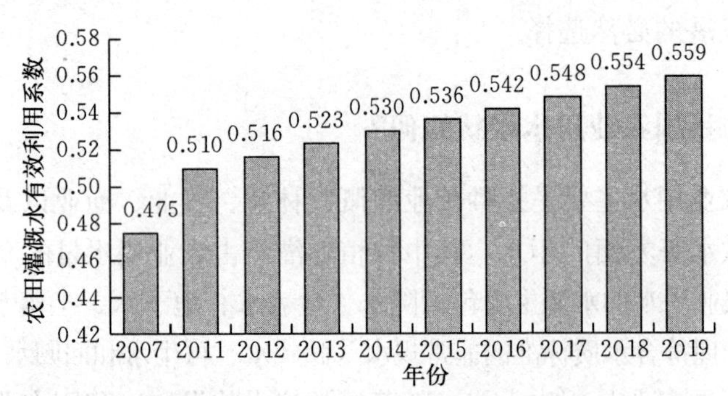

图1-3　2007—2019年农田灌溉水有效利用系数

来源：中国水资源公报

在空间上，如图1-4所示，农业用水量呈北方增加、南方

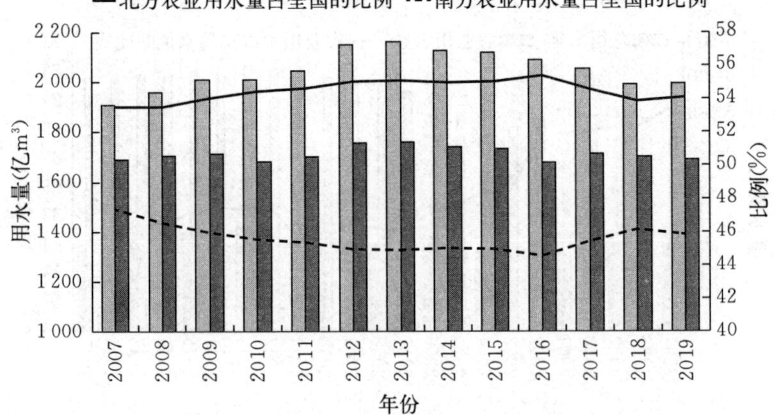

图1-4　2007—2019年南北方用水量变化

来源：中国工程院重大咨询项目·中国农业资源环境若干战略问题研究《农业高效用水卷　中国农业水资源高效利用战略研究》

减少的态势，北方六区农业用水量占全国农业用水量的比例从2007 年的 53.5%增加到 2019 年的 54.1%，南方四区则由47.4%降到 45.8%。

除上述内容外，我国农业用水还面临着以下三个问题：①农业干旱缺水态势进一步加剧，北方农业水资源胁迫度持续增加；②粮作种植布局与降水分布不匹配，对灌溉的依赖性增加；③灌溉开采量不断增加，北方地区浅层地下水位持续下降。

4 为什么我国实行最严格水资源管理？

人多水少、水资源时空分布不均是我国的基本国情和水情。我国水资源面临的形势十分严峻，水资源短缺、水污染严重、水生态环境恶化等问题日益突出，已成为制约经济社会可持续发展的主要瓶颈。占全国耕地面积一半的北方灌区，生产出约占全国产量 75%的粮食和 90%以上的棉花、蔬菜等经济作物，但是北方地区水资源先天不足、后天失调，呈现“十年九旱”“有河皆干”的现象；西南地区水低田高，取水用水困难、成本高；南方地区季节性干旱频繁发生，加之水污染加剧导致水质型缺水。另一方面，全国水资源浪费严重，长流水、大水漫灌现象仍存在。城市供水管网漏损率达到 20%，比发达国家高 2～3 倍，大量的珍贵水资源被漏损。近年来，个别城市建设工程热衷于搞大草坪、水景观，争相建设“北方水城”；还有一些高耗水服务业，过度透支水资源。

针对水资源利用现状，要应对危机，必须实行最严格水资源管理制度，刻不容缓。土地与人口严格管理为应对“水危机”提供了样板，警示我们要未雨绸缪。水利部实施的节水型社会建设则为应对“水危机”提供了“示范”。

党中央、国务院正是基于水的重要地位与作用，综合考虑我国的基本国情和水情，特别是当前存在的复杂水问题与未来可能面临的水危机，在系统总结我国水资源管理实践经验的基础上，科学设计与全面部署实行最严格水资源管理制度（图1-5），充分体现了中央对水资源管理的坚定态度和决心。

实行最严格水资源管理制度，是破除水资源瓶颈制约的根本途径，是加快转变经济发展方式的战略举措，是保障国家粮食安全的关键环节，是加快推进生态文明建设的迫切需要。

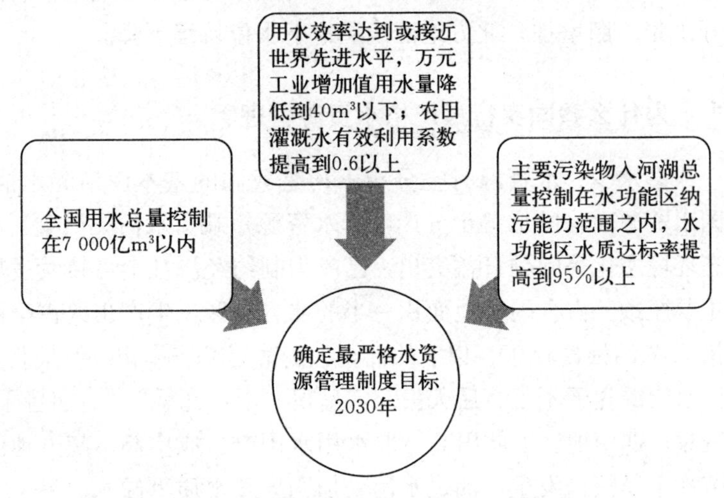

图1-5 最严格水资源管理制度目标

5 农业上如何落实节水优先方针？

把推进节水农业作为方向性、战略性大事来抓，实施国家农业节水行动。以水定地、以水定产，因水制宜、量水而行，结合农业种植结构调整、耕地休耕轮作、生态修复与治理等，优化农业布局和种植结构，合理确定农业用水总量。在水资源过度开发和地下水超采地区，要严控地下水开采，严禁大水漫灌，合理压减灌溉面积。完善节水农业体制和政策支持体系，加快发展节水灌溉，推动农田水利建设从提高供水能力向更加重视提高节水能力转变。具体包括以下几方面：

（1）优化水资源的配置管理，提高农业用水量监测水平，制定合理的灌溉用水总量控制和定额分配管理制度，严格控制作物生育期和冬、春灌用水量。

（2）大力发展高效节水特色农田和设施农业种植，继续实施渠道衬砌和农田配套，提高农田灌溉水有效利用系数，节约农业灌溉用水。

（3）大力发展和推动先进节水灌溉技术的研发和推广，建设高效节水示范区，带动农业节水快速发展。

（4）积极探索和研究水权转换形式，推进农业节水改造工程的实施。

（5）通过水价调节促进节水，在节水量与水价调整之间寻找平衡点，即：农民水费支出不增加，灌区水费收入不减少。

（6）根据社会经济条件，制定切实可行的农业节水标准，指导和管理农业节水工作的开展。

（7）开展形式多样的节水农业培训及宣传，增强节水意识，指导农民正确使用节水新技术，让广大农民成为节水农业的主体。

6 我国有哪些关于节水农业的纲领性文件？

党和国家历来重视节水工作，特别是“十二五”以来，把水安全上升为国家战略，为全面加强水资源节约与保护，相继出台了关于实行最严格水资源管理制度等一系列政策文件和决策部署。具体如下：

（1）党的十九届五中全会通过的《中共中央关于制定国民经济和社会发展第十四个五年规划和二〇三五年远景目标的建议》，提出“实施国家节水行动”，明确了“十四五”乃至今后一个时期节水的战略任务。

（2）《中华人民共和国国民经济和社会发展第十四个五年规划纲要》（2021 年 3 月）：文件 11 处提到节水，如“坚持节水优先，完善水资源配置体系”“发展节水农业和旱作农业”“强化农业节水增效、工业节水减排和城镇节水降损”“合同节水管理” 等内容。

（3）中央 1 号文件：连续 11 年（2011—2021 年）提到节水农业问题。

（4）《国家农业节水纲要（2012—2020 年）》（国办发〔2012〕55 号）：农业节水的首个国家纲要，意味着在这方面有了顶层设计，对保障国家粮食安全、促进现代农业发展、建设节水型社会将发挥重要作用。

（5）《国务院关于实行最严格水资源管理制度的意见》（国发〔2012〕3 号）。

（6）《全国农业可持续发展规划（2015—2030 年）》（农计发〔2015〕145 号）。

（7）《国务院办公厅关于推进农业水价综合改革的意见》（国办发〔2016〕2 号）。

（8）《农田水利条例》（国务院令第 669 号，2016 年）。

（9）《国家节水行动方案》（国家发展和改革委员会　水利部，发改环资规〔2019〕695 号）。

（10）《关于持续推进农业水价综合改革工作的通知》（发改价格〔2020〕1262 号）。

（11）《水利部办公厅关于深入开展节水型灌区创建工作的通知》（办农水〔2021〕107 号）。

7 目前我国节水农业技术取得了哪些新进展？

近年来，我国节水农业新技术不断涌现，主要表现在以下几个方面：

（1）高效节水灌溉技术的推广与应用　如渠道防渗工程技术、低压管道输水技术、滴灌技术、喷灌技术、微喷灌技术、微润灌技术、水肥一体化技术等大面积推广应用（图 1－6）。

（2）积极利用生物技术　选育了许多抗旱耐旱作物和品种，充分挖掘作物本身的节水潜能。

（3）开发和利用非常规水资源　主要包括高效集雨技术、水处理技术、海水淡化技术、微咸水安全利用技术，已成为我国乃至全世界重点研究用于解决农业用水危机的技术。

（4）节水技术逐渐融入了信息技术和智能技术　根据在线监测的土壤墒情数据，把控作物的需水需肥的关键时期，利用计算机和信息技术对农作物进行有效灌溉。

（5）用水管理　积极推进用水户参与管理，支持建立农民用水者协会。

（6）发展产业　全国生产节水灌溉设备的厂家已超过 200 家，年销售额近千亿元，初步形成了新的产业。

图 1－6　微喷灌与滴灌应用示意图

8 发展节水农业应该注意哪些问题？

（1）立足我国基本国情，正确看待我国节水农业与西方发达国家的差距，学习和研究西方节水农业的同时，研究制定符合我国国情的农业节水政策和措施。

（2）发展节水农业不仅是进行渠道衬砌和开展改造工程节水措施，还应包括农艺节水和管理节水措施。

（3）发展节水农业必须转变用水观念，增强节水意识。

（4）发展节水农业应综合考虑不同地区的自然经济状况，因地制宜、科学选择节水农业发展模式，切忌盲目照搬。

（5）发展节水农业应充分考虑投入产出比、农民承受能力、节水对生态环境、工业和城市用水需求的影响，促进节水农业与社会的和谐共生。

9 可持续农业与节水农业有何关系？

可持续农业是指采取某种合理使用和维护自然资源的方式，实行技术变革和机制性改革，以确保当代人类及其后代对农产品需求可以持续发展的农业系统。

节水农业是缓解农业用水供需矛盾，实现可持续农业的重要措施。农业的可持续发展是要保护土地、水等自然资源和生态环境的良性循环，农业发展中水是关键因素，而节水农业的核心就是在有限的水资源条件下，采用先进的工程技术、适宜的农艺措施以及科学的管理技术等综合模式，最大限度地提高农业水的利用效率和生产效益。所以，节水农业是可持续农业的重要组成部分，是实现可持续农业的重要保障；可持续农业的发展则推动着节水农业技术的发展。

10 发展现代农业对实现节水农业有何意义？

现代农业是以保障农产品供给、增加农民收入、促进可持续发展为目标，以提高劳动生产率、资源产出率和商品率为途径，以现代科技和装备为支撑，在家庭经营基础上，在市场机制与政府调控的综合作用下，农工贸紧密衔接，产加销融为一体，多元化的产业形态和多功能的产业体系。简言之，现代农业就是用现代技术武装起来的农业。

节水农业是为了提高农业用水的有效性，水、土、作物资源综合开发利用的系统工程。由此可见，节水农业在一定意义上也是现代农业的一部分。现代农业的发展需要更为精确的灌溉制度、田间管理模式、产销方式等，从而要求更为先进的灌溉技术及管理手段，也就是对节水农业技术的要求更高，所以节水农业技术的发展依赖于现代农业基础理论的发展。

现代农业与节水农业是相辅相成的关系，节水农业技术的发展推动着现代农业的发展；现代农业的发展，需要节水农业技术的发展来适应和配套。

第二章　节水农业的基础知识

11 什么是节水？

狭义的节水是指通过一定的节水技术措施，直接减少农业用水过程中的水量损失，从而减少对水资源的直接消耗量；广义的节水则是在此基础上，通过采取其他的节水措施，提高作物用水向农产品的转化效率，使单位用水所产出的农产品数量有明显增加，通过提高单位土地农产品生产能力来减少区域内对水资源的总需求量，起到节水作用。

节约用水（简称节水）是指通过行政、法律、技术、经济、工程等手段加强用水管理，调整用水结构，提高全民节水意识，改进用水工艺，实行计划用水，杜绝用水浪费，应用先进的科学技术建立科学的用水体系，有效利用和保护水资源，以适应经济社会可持续发展的需要。由于采取各种节水措施，在未来节水水平和用水效率的情况下，实现国民经济用水量和人口需要用水量比目前国民经济用水量和人口需要用水量所减少的水量叫节水潜力。

12 什么是节水农业？

根据《现代汉语新词语词典》的定义，节水农业也称“节水型农业”，即采用各种节水技术，高效利用水资源的农业。

根据《现代科学技术名词选编》的定义，节水农业是指在加强管理、保护水质、防止污染的基础上，科学用水、节约用水的技术。农业是用水的“大户”，灌溉是获取农业高产的重要措施。鉴于世界性水资源的严重匮缺并日益减少，必须发展节水农业，提高用水效率。

根据《生态经济建设大辞典》的定义，节水农业是在农业生产过程中，在充分利用降水的基础上，通过采取工程、机械、农艺和管理等措施，合理开发利用与管理农业水资源，综合提高天然降水和灌溉水的利用效率和效益，同时通过治水、改土、调整农业生产结构，改革耕作制度与种植制度，发展节水、高产、优质高效农业，实现节约用水和提高农业用水效益的目标，促进农业可持续发展。节水农业的中心问题是提高降水和灌水的利用效率。节水农业包括节水灌溉农业和旱地节水农业。

根据山仑院士在《节水农业》一书中提出的概念，节水农业是在充分利用自然降水的基础上高效利用灌溉水的农业。其目标是在保持农业生产正常速度增长的同时，维持水资源的持续利用和区域平衡；在不断提高农业用水利用率和水资源利用效率的同时，逐步做到降低农业用水总量，包括充分利用自然降水和节约灌溉水两个方面。结合我国实际情况，节水农业包括以下三种类型：节水灌溉农业、有限灌溉农业和旱作农业。

本书后续所述的节水农业均以山仑院士的概念为准。根据节水农业发展历程将节水农业技术分为传统节水技术、高效节水技术和现代节水技术三类。

13 什么是节水灌溉？

节水灌溉就是根据作物需水规律和供水条件，在充分利用降水和土壤水的前提下高效利用灌溉水，最大限度满足作物需水要求，获得农业最佳经济效益、社会效益和生态环境效益而采取的多种措施的总称。由于各地方不同水资源环境及气候、土壤、地形和社会经济条件，节水的标准和要求不同。主要措施有：

（1）工程技术措施　包括渠道防渗、管道输水和土地平整等。

（2）灌水技术措施　包括喷灌、滴灌、涌泉灌溉、渗灌（图2-1）和水稻浅湿灌溉等。

（3）田间节水措施　包括减少灌溉用水量和提高田间水利用率，如土壤保墒和选择耐旱作物等。

（4）管理技术措施　包括优化灌溉制度和优化水量调配等。

节水灌溉与节水农业不同，节水农业包括农艺技术节水、灌溉工程节水、田间灌溉技术节水和灌溉水管理节水等方面，而节水灌溉属于科学灌溉，从狭义来讲就是田间灌溉技术的节水措施。

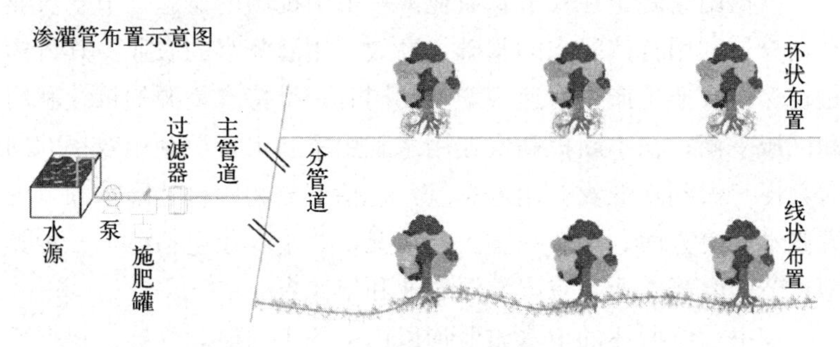

图2-1　渗灌布置图

14　如何判断作物需要灌溉？

水是植物生命活动必不可少的因素，它对作物生长的影响表现在多个方面。水分除了直接参与作物的生长代谢之外，还可以调节其他环境因素，进而影响农作物生长。因此，对于作物是否需要灌溉补水主要有以下四类方法：

（1）依据土壤水分的感官状况判断　第一，可以用眼睛观察田间的土壤颜色性状，如果表面土壤的颜色变浅或变灰白或者有细小的裂纹，就说明土壤缺水；如果土壤颜色比正常颜色深或呈褐色，就说明不缺水。第二，可以用细木棍儿插入到表土 10 cm 以下，然后把木棍儿拔出来，看带出的土壤，如果土壤比较湿，就说明土壤不缺水，暂时不需要浇水；如果土壤比较干或者木棍上没有带出土来，就说明土壤缺水，需要及时对作物浇水。第三，用手抓一把表土下 10 cm 左右的土壤放在手心，用力握紧后松开，如果手心无湿润感，并且用力也不能把土壤握成团，松手后立即散落，就说明缺水严重（土壤含水量在 30%田间持水量以下），需要及时浇水；如果手心有略微的潮湿感，能够把土壤握成团，松手后能自然散开（土壤含水量在 50%田间持水量左右），说明湿度可以，一般不需要浇水；如果手心潮湿感很强，用力握土壤有水分被挤出，松开手土壤无法散开且手心有土壤粘连，说明水分含量比较高（土壤含水量在 85%田间持水量以上），需要进行合理控水。第四，有条件的情况下，可以取土，用烘干法实测或者用土壤水分传感器直观反映土壤含水率状况。

（2）依据作物长势判断　作物缺水时，叶片和新梢会变得萎蔫、下垂、失去光泽；严重缺水时，叶片会褪绿变黄甚至发生枯萎。在进行大棚种植作物时，可以在清晨观察植株上的叶片边缘是否有凝结的小水珠，如果叶片边缘有小水珠，就说明作物不缺水，如果叶片边缘无小水珠，就说明作物缺水，需要及时浇灌补水。

（3）依据水分监测数据判断　按照测量原理，土壤水分监测仪器可分成以下几种类型：①时域反射型仪器（TDR）；②时域传输型仪器（TDT）；③频域反射型仪器（FDR）；④中子水分仪器（Neutron Probe）；⑤负压仪器（Tension meter）；⑥电阻仪器（Resister Method）。其中时域反射型仪器（TDR）和频域反射型仪器（FDR）最为常用。因此，可以采用自动化技术实现作物的按需灌溉，通过利用土壤湿度传感器在线实时监测土壤中的水分（图2-2），当监测到土壤水分低于标准下限，系统自动打开灌溉设备，对作物进行灌溉；当监测到土壤水分达到了标准上限，系统又自动关闭灌溉设备，这样根据田间水分的实际情况通过自动化控制系统，实现灌溉自动化，使灌溉更加合理。

（4）依据气象数据计算获得的作物耗水量（或蒸散量）判断 通过田间气象站的太阳辐射、气温以及相对湿度等数据计算日蒸散量（ET），再依据作物的允许土壤水损耗（MAD）（允许土壤水损耗常采用30%～50%），当田间累计土壤水损耗量达到允许土壤水损耗量时，就启动供水装置进行灌溉，灌水量为累计的耗水量，即作物消耗多少水量，就灌溉多少水量，当灌水量等于累计耗水量时，就关闭供水装置。

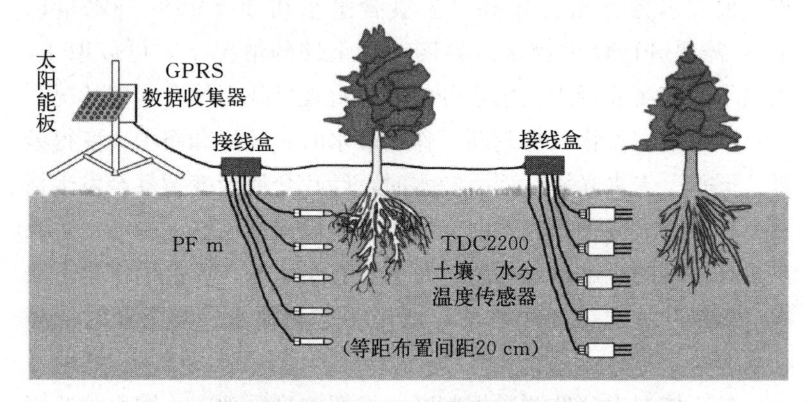

图2-2　土壤水分监测仪在线监测土壤含水量示意图

15 什么是作物需水规律？

作物需水规律即作物生育期内各生育阶段作物需水耗水的变化规律，通过研究作物需水规律可以确定作物的需水特性和需水临界期。作物需水量是指作物在适宜的外界环境条件下（包括土壤水分、养分充分供应）正常生长发育达到或接近该作物品种的最高产量水平所消耗的水量。

影响田间作物需水量的主要因素有：气象条件、作物种类、土壤性质和农业措施等。气温高、空气干燥、风速大，作物需水量就大；生长期长、叶面积大、生长速度快、根系发达以及蛋白质或油脂含量高的作物需水量就大；就生产等量的干物质而言，多数 C_3 作物需水量大于 C_4 作物。在正常生育状况和最佳水肥条件下，作物整个生育期中，农田消耗与蒸散的水量一般以蒸散量表示，即为植株蒸腾量与株间土壤蒸发量之和（图 2－3），以 mm 或 m^3/hm^2 计。

简而言之，作物需水规律是指不同区域不同作物不同生育阶段满足作物正常生长发育，达到或接近该作物品种的最高产量水平所消耗的水量的时间分配特征。

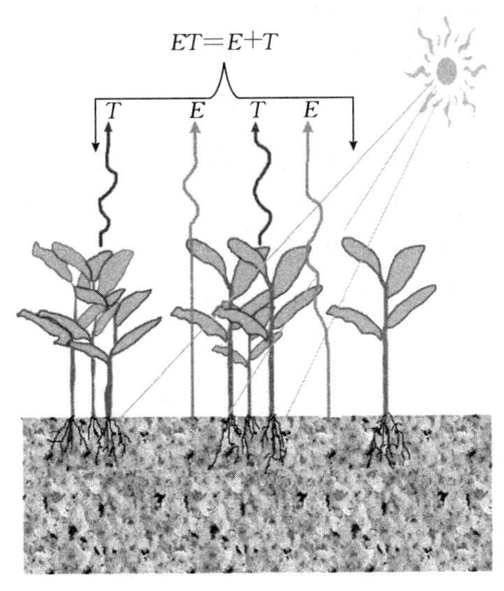

图 2－3　作物需水量示意图

16 什么是土壤含水量?

土壤水分是重要的土壤物理参数，对土壤水分及其变化的监测是农业、生态、环境、水文和水土保持等研究工作中的一项基础工作。土壤水分含量也是农业灌溉决策、管理的基础数据。

土壤含水量一般是指土壤绝对含水量，即 100 g 烘干土中含有的水分克数，也称土壤含水率。土壤含水量常用重量含水率或体积含水率表示，重量含水率是指土壤中水分的重量与相应固相物质重量的比值，体积含水率是指土壤中水分占有的体积和土壤总体积的比值。体积含水率与重量含水率两者之间可以通过土壤容重换算。

土壤含水量有以下几种表示方法：

（1）以重量百分数表示土壤含水量　以土壤中所含水分重量占烘干土重的百分数表示，计算公式如下：

土壤含水量（重量%）=（原土重－烘干土重）/烘干土重×100%=水重/烘干土重×100%

（2）以体积百分数表示土壤含水量　以土壤水分容积占单位土壤容积的百分数表示，计算公式如下：

土壤含水量（体积%）=水分容积/土壤容积×100%=土壤含水量（重量%）×土壤容重

土壤容重是指自然结构条件下，单位体积的干土重量，单位为 g/cm^3。干土是指 105～110 ℃的烘干土。常见土壤类型土壤容重值见表 2-1。

表 2-1　不同类型土壤容重参考值（陈晓燕，2004）

土壤类型	质地	容重（g/cm^3）	地区
黑土 草甸土	沙土	1.22～1.42	华北地区
	壤土	1.03～1.39	
	壤黏土	1.19～1.34	

（续）

土壤类型	质地	容重（g/cm³）	地区
黄绵土 垆土	沙土	0.95～1.28	黄河中游地区
	壤土	1.00～1.30	
	壤黏土	1.10～1.40	
淮北平原土壤	沙土	1.35～1.57	淮北地区
	沙壤土	1.32～1.53	
	壤土	1.20～1.52	
	壤黏土	1.18～1.55	
	黏土	1.16～1.43	
红壤	壤土	1.20～1.40	华南地区
	壤黏土	1.20～1.50	
	黏土	1.20～1.50	

（3）以水层厚度表示土壤含水量　将一定深度土层中的含水量换算成水层深度的mm表示，计算公式如下：

水层厚度（mm）＝土层厚度（mm）×土壤体积含水量

（4）相对含水量　将土壤含水量换算成占田间持水量的百分数表示，即为土壤水的相对含量，计算公式如下：

旱地土壤相对含水量（%）＝土壤含水量/田间持水量×100%

在土壤水分管理过程中，除了土壤水分含量外，还经常用到土壤水分常数。土壤水分常数是指依据土壤水所受的力及其与作物生长的关系，在规定条件下测得的土壤含水量。它们是土壤水分的特征值和土壤水性质的转折点，严格来说，这些特征值应是一个含水量的范围。常用的土壤水分常数有凋萎系数、毛管断裂含水量、田间持水量和饱和含水量。

（1）凋萎系数　当土壤含水量降低到某一程度时，植物根系吸水非常困难，致使植物体内水分消耗得不到补充而出现永久性凋萎现象，此时的土壤含水量称为凋萎系数。

（2）毛管断裂含水量　当土壤含水量达到田间持水量时，土面蒸发和作物蒸腾损失的速率起初很快，而后逐渐变慢；当土壤含水量降低到一定程度时，较粗毛管中悬着水的连续状态出现断裂，但细毛管中仍充满水，蒸发速率明显降低，此时土壤含水量称为毛管断裂含水量。

（3）田间持水量　当毛管悬着水达到最大数量时的土壤含水量称为田间持水量。

（4）饱和含水量　当土壤全部孔隙被水分所充满时，土壤便处于水分饱和状态，这时土壤的含水量称为饱和含水量或全持水量。

土壤水的类型不同（图 2-4），其被作物利用的难易程度也不同。凋萎系数以下的水分属无效水，不能被作物利用；凋萎系数到田间持水量之间的水分，具有可移动性，能及时满足作物的需水量，属有效水；超过田间持水量的水分属多余水。一般把土壤田间持水量与凋萎系数之差作为土壤有效含水量。毛管断裂含水量为土壤有效水范围内易效水和难效水的分界，常作为灌水的下限。

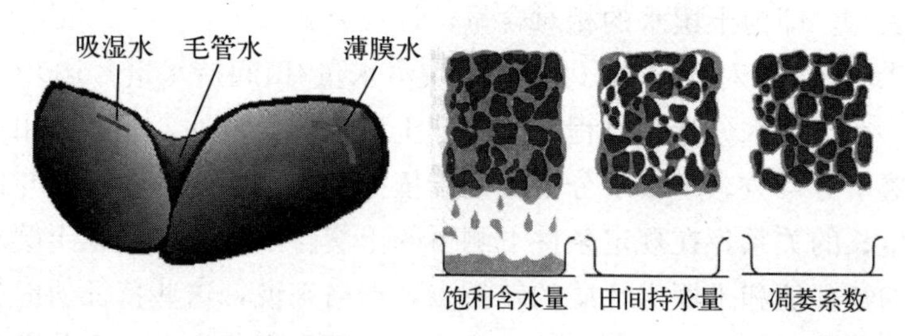

图 2-4　土壤水的形态

17 描述水分生产效率的指标有哪些？

描述作物与水分生产效率关系的指标有作物水分生产效率、

灌溉水分生产效率、作物水肥生产函数、作物水盐生产函数和作物缺水敏感指标等。

（1）作物水分生产效率　指作物消耗单位水量的产出，其值等于作物产量（一般指经济产量）与作物净耗水量或蒸发蒸腾量的比值。它是评价作物生长适宜程度的综合生理生态指标。

（2）灌溉水分生产效率　指在一定的作物品种和耕作栽培条件下，单位灌溉水量所获得的产量或产值，单位为 kg/m^3。灌溉水分生产效率能综合反映灌区的农业生产水平、灌溉工程状况和灌溉管理水平，直接显示灌区单位灌溉水量的投入产出效率。实践中，往往采用灌溉水分生产效率的多年平均值（包含不同水文年份）作为宏观评价指标。

（3）作物水肥生产函数　反映作物产量与水量及肥料投入之间的函数关系，包括不同生育阶段、不同缺水程度、不同缺水历时以及不同肥料供应量和施肥方式对作物产量影响的定量关系。

（4）作物水盐生产函数　反映作物产量与灌溉水量、土壤含盐量及灌溉水含盐量之间的函数关系。

（5）作物缺水敏感指标　反映作物产量对不同生育阶段水分亏缺敏感程度的指数或系数。

18 什么是灌水定额和灌溉定额?

（1）灌水定额　指单位灌溉面积上的一次灌水量（m^3）或灌水深度（mm），取决于作物、土壤持水量以及可用于灌溉的水量等因素。

（2）灌溉定额　指作物全生育期的灌水总量，是历次灌水定额之和，取决于灌水定额及灌水次数。

灌水定额和灌溉定额的单位常以 m^3/hm^2 或 mm 表示。

简而言之，灌水定额是单次灌水量，灌溉定额是全生育期灌溉量；灌溉定额由多次灌水定额组成，灌水定额是灌溉定额的重要组成单位。

19 节水农业生产上如何确定灌溉制度？

节水灌溉制度是指作物在一定的气候、土壤等自然条件以及节水农业技术措施下，为了保证作物正常种植并获得较高而稳定的产量，同时达到节约用水的目的，制定的通过灌溉向田间补充水量的方案。灌溉制度的内容包括灌水定额、灌水时间、灌水次数和灌溉定额。

灌溉制度主要通过每次灌水时间和灌水定额来确定，具体方法是通过总结群众丰产经验，进行灌溉试验，按水量平衡原理进行计算，根据作物的生理指标制定灌溉制度。下面以棉花为例分别阐述四种灌溉制度的建立方法。

（1）基于经验的丰产灌溉制度　在获得早苗、壮苗的基础上，增施肥料，合理灌溉，并采用一系列的综合栽培技术，充分满足棉花对水肥的需求，促使棉苗早发育，确保多坐伏前桃、伏桃和秋桃，减少蕾铃脱落，是获得棉花丰产的重要途径。经过多年的实践、摸索，各地群众根据长期的生产调查和植棉灌溉技术总结，在棉花丰产灌溉技术方面有了很大的提高和创新。棉田灌溉方面的基本经验可以归纳如下：加强出苗前土壤保墒，棉田冬（春）季储水灌溉，苗期浇“头水”宜晚，可以促使棉苗“敦实健壮”，早发育；在土壤表面墒情不足，不能满足播种、出苗时进行灌溉；在蕾期浇好现蕾水能显著增加伏前桃；要保证花铃期充分供水，维持比较高的土壤湿度，增蕾、增铃、减少脱落并防止早衰；此外，为充分利用生长期，丰产棉田可适当推迟停水期，满足棉株对水分的需要，大抓秋桃。

（2）基于灌溉试验制定棉花灌溉制度　长期以来，我国各地的灌溉试验站已进行了多年的灌溉试验工作，积累了一大批相关的试验观测资料，这些资料为制定棉花灌溉制度提供了重要依据。棉花膜下滴灌属“浅灌勤灌”，蕾期和花铃期灌水密集，这两个生育阶段的灌水定额可为 260～350 m^3/hm^2，蕾期灌水周期为 9～10 d，花铃期灌水周期为 7～8 d。

（3）基于水量平衡原理的灌溉制度　基于水量平衡原理的灌溉制度以棉花各生育期内土壤水分变化为依据，从对作物充分供水的观点出发，要求在棉花各生育期计划湿润层内的土壤含水量维持在棉花适宜水层深度或土壤含水量的上限和下限之间，降至下限时则应进行补充灌水，以保证棉花供水充分。棉花的耗水量随着灌溉量的增加而增大，在北疆滴灌棉田适宜的灌溉量为 3 900 m^3/hm^2，棉花最大蒸散量出现在花铃期，其中开花-吐絮期耗水量约 2 400 m^3/hm^2，最大耗水时段为现蕾-吐絮期，日均耗水量 32.9～41.5 m^3/hm^2。

（4）根据作物的生理指标制定灌溉制度　棉花对水分的生理反应可从多方面反映，利用作物各种水分生理特征和变化规律作为灌溉指标，能更合理地保证作物的正常生长发育和它对水分的需要。目前可用于确定灌水时间的生理指标包括：冠层-空气温度差、细胞液浓度、叶组织的吸水力、气孔开张度和气孔阻力等。

在生产实践中，常把上述四种方法结合起来使用，根据设计年份的气象资料和作物的需水要求，参照群众丰产经验和灌溉试验资料，结合作物生理指标，根据水量平衡原理拟定作物灌溉制度。

总之，由于每年的降水与干旱情况变化很大，故灌溉制度不是一成不变的。通常根据水文年制定出各种不同的灌溉制度，作为年初制定灌区配水计划的参考，具体执行时再根据实际降水情况和作物生长情况做适当修改。

第三章　传统农业节水技术

20 什么是传统农业节水技术？

传统农业节水技术是在传统的作物种植栽培技术基础上发展起来的节水技术，传统农业节水技术的使用与地区的地形、气候、土壤、作物种植种类、作物种植模式、地区社会经济条件等密切相关，各项技术经过多年应用实践，形成了很多具有地方特色的常规节水技术方法和制度，且有些技术是群众在常年耕作过程中逐渐摸索发展起来的。因此，相对于高效节水技术而言，传统农业节水技术具有投入成本低、操作简单、易于推广的特征。两种或多种传统农业节水技术联合使用，能大幅度提高农田水分利用效率，节水效果更加明显。

传统常规节水技术主要包括农艺、生物和化学节水技术措施。

（1）农艺节水措施　主要包括适水种植、选择耐旱品种、合理耕作、增施有机肥、蓄水保墒、覆盖保墒、合理间套作、坐水种等技术。

（2）生物节水　指利用和开发生物体自身的生理和基因潜力，在同等水供应条件下能够获得更多的农业产出的技术措施。

（3）化学节水　通过在土壤中和（或）植物体外施用一些天然或者人工合成的大分子物质，增加土壤的吸水、保水能力以及降低叶片蒸腾损失的技术措施，包括土壤保水剂、土壤结构改良剂和植物抗旱剂（或抗蒸腾剂）。

21 旱作节水农艺措施有哪些？

旱作节水农艺措施主要包括适水种植、选择耐旱品种、合理耕作、平衡施肥、蓄水保墒、覆盖保墒、合理间套作、坐水种等技术。

（1）适水种植，选择耐旱品种　根据降雨量及季节分配，适当调整作物种植结构，合理轮作换茬，降低作物复种指数。以水定作物、以水定产量，适当压缩、控制高耗水作物的种植面积，扩大需水与降水适配度较好、雨热同期、耐旱、水分利用率高的作物（品种）的种植面积。

（2）合理耕作，蓄水保墒　采取秋季深松或深耕、夏季浅耕或免耕相结合的措施，秋季松土或者深耕，能增强土壤蓄水、保水能力，能更好地接纳和利用降水，使土壤耕层变成良好的土壤水库，还可以改善土壤物理性状和作物生长环境，有利于根系深扎、增强耐旱能力。合理深耕配合增施有机肥效果更好。

（3）覆盖保墒　包括起垄覆膜栽培、秸秆覆盖和生物覆盖，其中生物覆盖主要指林下自然生草覆盖或者种植绿肥覆盖，可以抑制土壤水分蒸发，减少地表径流，起到蓄水保墒、提高水分利用效率的作用。

（4）合理间套作　合理间套作不仅可以减小棵间蒸发、抑制无效蒸腾，还可以优化作物系统光、热、水、肥等资源分配，创造有利于植物生长发育的小气候，促进资源在时间和空间上的高效利用，并且在不增加灌水用量的情况下能明显提高单位面积产量和作物水分利用效率。例如，果园套作大豆、花生，北方小麦-玉米套种、小麦-花生套种、小麦-甘薯套种等（图 3－1）。

图 3-1　覆膜保墒与套种技术

22 如何选择旱田抗旱品种？

避旱、御旱和耐旱是植物应对干旱胁迫的 3 种类型，其中御旱性和耐旱性又被统称为抗旱性。在选择抗旱节水品种的过程中，应从多个性状、全生育期和群体 3 个方面入手，对经济性状、形态学、生理生化和分子 4 个不同水平的研究结果进行系统、综合分析，选择适应区域水资源特征、适合区域高水分利用效率的作物品种，达到生物节水的目的。

不同的品种在生育期、产量水平、抗病性、抗虫性、耐旱性、抗倒性以及区域适应性方面均存在较大的差异。在一个地区表现优良的品种，在其他地区可能表现较差。因此，要因地制宜，从当地的积温、作物生育期、降水情况、栽培水平、土壤肥力、水资源情况、病虫害发生等多方面考虑来选择适合当地种植的抗旱、抗病虫能力强的品种。一般应注意以下几点：①选择不同抗旱性能的品种；②选择在当地进行了 3 年以上试验示范的品种；③选择在本地区能够正常成熟的品种；④选择生产潜力大、适应性广的品种；⑤选择高抗倒伏的品种，尤其是多风地区；⑥选择抗病或耐病品种。

23 耕地整理在节水农业中的作用是什么？

耕地整理是提高地面灌溉水利用效率的基础，常用的有平整土地，畅通排灌，耙耱保墒，修建池、塘、坑、窖、库、堤等拦水、蓄水设施。在丘陵山区，把坡耕地修成梯田，在田坡边植树种草，形成植物篱，拦蓄地面径流、涵养水源已得到较为广泛的应用。在田间整理输水设施作业时，采用渠道防渗措施、改大畦为小畦、铺设输水管道等将传统的大水漫灌变为畦灌。

平整土地是保证地面灌溉灌水质量的重要措施，也是农田基本建设的重要内容（图 3-2）。平整土地不仅有利于耕作和灌溉排水，改良土壤，提高作物产量，还能扩大耕地面积、提高土地利用率。平整土地包括浅耕灭茬、耕翻、深松耕、耙地、耪地、镇压、起垄、作畦等。目的在于形成良好的土壤耕层构造和表面状态，协调土壤中水、肥、气、热等因素，为播种、作物生长和田间管理提供合适的基础条件。

图 3-2　激光平地技术

平整土地的方法一般有以犁代平法、开槽取土法、起高垫低法、插花法或鱼鳞坑法。土地平整不可能一次完成，须经粗平、细平和精平的过程。一般需要 3～4 年，至少也需要 2 年。为了保持良好的地面状况，即使在精平完成以后，还需要加强管理，勿使耕地造成新的起伏地面。平整土地既要符合地面灌溉灌水技术的要求，又应便于耕作和田间管理，其基本要求：①深松土壤，建立土壤水库。深松土壤能促进降雨入渗，起到蓄水保墒作用，提高作物产量和水分利用效率。②水分空间聚集径流技术。在地形起伏的旱地，可构筑梯田，推行沟垄种植等技术，控制农田径流，提高降水利用率。

24 轮作对节水农业的作用?

轮作种植就是以维持地力为目的，把不同种类的作物按照一定顺序，周而复始进行循环栽培的种植体系，是用地养地相结合的一种生物学措施。轮作克服了连作的缺点，缩短了休闲期，保持了水土，防止了土壤遭受风蚀和水蚀，提高了水分利用效率和土壤质量，有效地抑制了病虫害的发生。

合理轮作是干旱区重要的农田水分调控技术，选择轮作方式的依据是上茬作物对水分的利用情况，因为直接对下茬作物产生影响，所以安排轮作的技术要点如下：

（1）高耗水作物与低耗水作物搭配，有利于水分恢复和平衡。

（2）深根作物与浅根作物搭配，以合理利用土壤深层储水，并增强土壤蓄纳雨季降水的能力，提高土壤水分的保蓄能力。

（3）根据当年降雨情况和播种前土壤墒情合理安排种植。在干旱年，种植耐旱作物，以充分利用低含水量土壤的有效水分；在丰水年可种植丰水高产品种，以提高作物产量，减少水分无效蒸发。

轮作的类型和模式的选择要与当地的自然资源、社会经济条件和科技水平相适应。如常见的换茬轮作模式有大豆-小麦-玉米3年轮作；一年多熟条件下，油菜-小麦换茬轮作。

25 如何通过农作物间作套种技术实现田间节水？

农作物间作套种技术主要是利用农作物生长发育的时间差和空间差来进行栽培，属于多种类、多方面立体种植技术的一种，十分符合我国当前可持续发展的战略目标。

间作套种技术要点如下：

（1）选择适宜的作物和品种　选择的作物及品种在共处期对环境的适应性要大体相同，并且作物搭配形成的组合具有高于单作的经济效益。

（2）选择合理的田间配置　包括密度、配比、幅宽、行距、行向等，这有利于解决作物之间及种内的各种矛盾。尽可能将高矮不一的作物或者根系深浅不同的农作物放在一起种植，提高环境资源的利用率，进而增加农作物产量。

（3）作物生长发育的调控　为减少作物间争光、争肥、争水的矛盾，达到高产高效，在栽培技术上应做到适时播种，保证全苗；在共生期间要合理施肥，早间苗，早补苗，早追肥，早除草，早治虫；控制高层作物生长，促进低层作物生长，协调各作物正常生长发育；及时综合防治病虫害，早熟早收。

图3-3　玉米和大豆间作模式

例如，豆类/玉米间作，其中玉米属于须根系作物，而豆类属于直根系作物，这两种农作物间作，分别吸收不同层次土壤的水分和养分，从而能够提高土壤水分和养分的利用率。

26 如何实现作物集中连片种植达到节水效果?

集中连片种植是将自由种植、零星分散的状况，因地制宜地进行适当集中连片种植、规模经营的种植方式（图3-4）。随着节水农业和现代农业的发展，集中连片种植更适宜发展农业机械化和自动化，是推广高效农田节水技术的重要方式，即集中连片种植，实现了统一种植模式、统一机械化耕种、统一灌水、统一配方施肥、统一病虫害防治、统一收获，实现了节水的规模效益。

图3-4 新疆棉田连片种植

集中连片种植技术要点如下：

(1) 通过流转等方式实现土地集中　土地流转是进行集中连片种植的前提，土地流转坚持四个原则：①保护农村土地集体所有权和农户承包权，依法自愿有偿流转土地经营权；②发挥基层党组织作用，发动农民、规范程序、有序推动；③尊重农民意愿，维护农民合法权益，发挥农民主体作用；④鼓励打造示范典型，通过示范带动，引导农村土地集中连片流转，全面推进适度规模经营。

（2）进行高标准农田的建设　形成渠、沟、路、林、田高标准配套，解决集中连片田块不适宜机械化作业的问题。

（3）根据当地的气候及经济条件　结合当地的生态环境，选择种植适宜的农作物或者林果，发挥连片种植的综合效益。

（4）连片种植要与规范的管理相匹配　从田间管理到采后处理，都需要科学规范的技术指导，有针对性地解决集中连片种植中出现的难题，同时也要完善田间防控体系，做好病虫害的防控。

27 节水农业生产上如何优化农作物种植结构？

在一定的技术和经济条件下，将作物的适水性作为调整核心，对作物的品种结构和空间分布进行优化，并对当地的自然资源、市场资源、人力资源以及投入资金进行合理配置，以此来提升作物对水分的利用率和利用效益，进而促进区域内有限的水资源实现最大限度地有效利用。

鼓励农户选种抗旱性强、用水少的优质高产作物品种，减少灌溉用水量，推广应用以节水灌溉为基础的农业种植新技术，提高灌溉水的利用效益，使其从节水建设中获得较大的收益，实现利益驱动。引导农户以水定地、因水种植、以供定需，减少用水供需矛盾。

28 什么是适水种植？

适水种植技术是依据当地的水、土、光、热资源特征以及不同作物（品种）的需水特性和耗水规律，以高效、节水为原则，以水定作物，合理安排或调整种植结构、降低作物复种指数，合理进行轮作换茬。也就是在水资源缺乏地区，应根据降水以及可利用的灌溉水量，合理安排作物种植情况，推广应用适水种植结构优化技术，适当压缩、控制高耗水作物种植面积，扩大需水与降水适配度较好、雨热同期、耐旱、水分利用率高的作物种植面积，实现农业水资源可持续利用。该项技术是当前可在较大范围内产生效果、较为现实的农艺节水策略。例如：旱地不追求一年两熟，提倡两年三熟或一年一熟，提高单产，要根据当地水源情况，尽量压缩旱地小麦种植面积，多种耐旱的经济作物，稳定棉田面积，发展耐旱的豆类、甘薯和花生等，既保证粮食产量，又减少灌溉用水量，从而达到整体节水的目的。

29 什么叫坐水种？

我国干旱、半干旱地区，在作物播种时期，由于雨水少，土壤墒情差，往往造成出苗晚或缺苗断垄，甚至不出苗的现象，严重影响农业生产。为了保证按时完成播种，出全苗、出壮苗，农民在生产实践中逐渐摸索出一套抗旱保苗技术，这种抗旱保苗的局部灌水方法称为注水灌，东北群众俗称坐（滤）水种（图 3-5、图 3-6）。

图 3-5　坐水种技术

明水县通达镇勇跃村

克山县河南乡二河村

克山县河南乡二河村

图 3-6　黑龙江坐（滤）水种技术播种玉米

作业程序包括刨穴（或开沟）、注水、点种、施肥、覆盖和镇压。目前，坐水种的方式有人工坐水种方式、机械开沟滤水方式及机械注水方式等。①人工坐水种方式：除运水外，其余作业即挖穴、注水、点种、施肥和覆土等全靠人工来完成，完成全部作业程序需 5～7 人，日播种面积 0.3～0.4 hm^2，效率较低。②机械开沟滤水方式：机械开沟后，将灌溉水用注水管注入沟中，待水渗入土中后，再由人工进行播种、施肥和覆土等作业，一般也需 5～7 人，但作业效率较人工坐水种方式可提高 1 倍左右。③机械注水方式：分为明式注水和暗式注水两种。明式注水由拖拉机牵引水车，在开沟的同时向沟中注水，待水渗入土中之后，利用播种机进行播种、施肥和覆土等作业；暗式注水利用暗式注水播种机来实现，其特点是水在播种位置以下，水不含泥，土不板结，整个作业由 2 人操作完成，每天可播种面积在 1 hm^2 以上。

坐水种的优点：①解决了春季播种期土壤墒情不足的问题，提高了出苗率，与不进行坐水种的比较，出苗率提高 30%左右；②蒸发损失少，具有蓄水保墒和引墒作用，从出苗算起，抗旱天数可达 1 个月；③有利于抗御旱春低温，提高肥效，种芽发育快、根系壮，提前出苗；④节水效果明显，投资少，技术简便，易推广。

30 常见蓄水保墒技术有哪些？

蓄水保墒是以提高天然降水利用效率为核心，采用深耕蓄墒、耙耱保墒、保水剂拌种拌肥、覆盖保墒等技术，纳雨蓄墒，提高土壤蓄水保水能力，配套探墒播种、施长效肥等措施，促进水肥耦合。

（1）深松耕＋保水剂　在玉米、小麦、马铃薯等大田作物播种或移栽前，开展深松耕作业，疏松土壤，破除犁底层，增加土壤蓄水能力。平原地区深松30～35 cm，丘陵山区深松25 cm以上，在深松耕后，将保水剂与肥料混合均匀底施。

（2）探墒沟播＋保水剂　旱地作物播种前监测土壤墒情，探测土壤湿润层深度，利用探墒沟播专用机具开沟至湿润层，将种子、肥料、保水剂等一同播入。在播种时，选用带有锯齿圆盘开沟器的播种机，一次完成灭茬、开沟、起垄、施肥、播种、覆土、镇压等作业。配套选用抗旱品种，施用缓释长效肥或保水剂等措施。

（3）少免耕＋覆膜保墒　采用少免耕技术蓄水保墒，减少水土流失，应用秸秆、生草等进行覆盖，减少水分蒸发。播种时配套保水剂、长效肥等底施。

（4）等高种植技术　沿等高线成行种植，减轻雨水径流和对土壤的冲刷。一般当坡度在3°～7°时，采用等高种植；在7°～25°时，采用梯田种植。

（5）补墒灌溉　是干旱半干旱灌区作物非生育期的一种储水保墒灌溉模式，是对前一年的预留干地和当年的失墒地在播种前进行补墒的一种补救措施，灌溉用水只需满足作物播种的墒情即可，具有储水降盐的作用。

（6）秋浇灌溉蓄水洗盐　指干旱半干旱灌区作物收获后进行的淋盐、洗盐、春季保墒、冰冻松土等作用的一种特殊的非生育期蓄水洗盐灌溉制度（图 3－7）。秋浇灌溉时间一般为 9 月中下旬到 11 月中下旬，灌水持续时间为 50～60 d。

图 3－7　秋浇灌溉

31 什么是覆盖保墒技术？

地面覆盖保墒技术是半干旱地区推广的一项节水保墒耕作技术措施，是一种人工调控农田水分条件的栽培技术。利用覆盖可以调温，减少水分蒸发和地表径流，蓄水保墒，培肥地力，改善土壤物理条件，抑制杂草和病虫害，提高光合作用及水分利用率等。主要包括作物秸秆覆盖（图 3－8）和地膜覆盖（图 3－9）。

秸秆覆盖就是利用作物的秸秆（如麦秸、玉米秸）、干草等覆盖在土壤表面。在土壤表面覆盖一层秸秆，可以保护表层土壤免受雨滴的直接撞击，团粒结构稳定，土壤疏松多孔，土壤导水性强，降水就地入渗快；在降雨或灌水后，将秸秆覆盖垄间，可以调节地温，保持土壤湿度，改良土壤，培肥地力；但由于部分秸秆会带有病菌和虫卵，易引起病虫害，因此覆盖前要先将秸秆翻晒，覆盖后要及时防虫除草。

图3-8 秸秆覆盖保墒

图3-9 地膜覆盖保墒

地膜覆盖是用塑料薄膜覆盖在土壤表面。主要适用于经济作物种植区、寒旱区、旱作农业区。农田覆膜后，阻断了大气与地表的水气交换，从土壤表面蒸发出来的水气只能滞留在地膜内小环境中，白天温度高时膜内土壤水分蒸发，当早晚温度低时，在膜下冷凝形成水滴，不断地在膜内形成水汽小循环，增加表土含水量。

32 什么是地膜覆盖后茬免耕栽培技术？

地膜覆盖后茬免耕栽培技术是利用普通地膜分解慢的特点，一次覆膜连续利用2～3年。该技术在覆膜作物收获后，不进行耕、翻、耙、耱等作业，留茬地秋浇或不秋浇，第二年春播时把作物直接播种在前茬中间。这是一项集节水保墒、根茬还田、地膜再利用等为一体的节本增效技术，同时又具有保护耕作层结构和农田生态环境的作用。具有一膜两（多）作、省工、省时、省肥、增温、保水等特点。在使用该技术时需注意以下几个方面的问题：

（1）选用耐久性强的地膜　“一膜两用”和“一膜多用”覆盖栽培，地膜应用的时间长，覆盖的作物种类多，有时覆盖后还要揭起异地覆盖，所以要求选用高强度、耐久性好的地膜，用后能完全清除，不残留污染土壤。如果地膜过薄，拉力不强，耐久性不好，很快老化碎裂，则达不到“一膜两用”和“一膜多用”的目的。

（2）田间耕作时保护地膜　为了增加地膜使用的茬次，防止损伤，延长有效使用时间，要精心使用细心维护，保持地膜完整，减少破口。

（3）有计划地安排好茬口及适宜品种　“一膜两用”或“一膜多用”首先要安排好种植茬口，合理搭配早、中、晚熟品种，注意时间的衔接，使地膜能适时而有效地发挥其综合改善栽培环境的效应，增茬次、增产量、增效益。

（4）加强播前及田间管理　由于免耕可能产生播种质量差、土壤耕作层变浅、蓄水保肥能力下降、杂草较多、病虫害加重等问题，必须解决好化学除草、水肥调控、配套农机具等关键环节，才能保证免耕栽培技术的高产高效性。

例如，地膜覆盖玉米后茬免耕种植向日葵技术步骤如下（图3-10）：

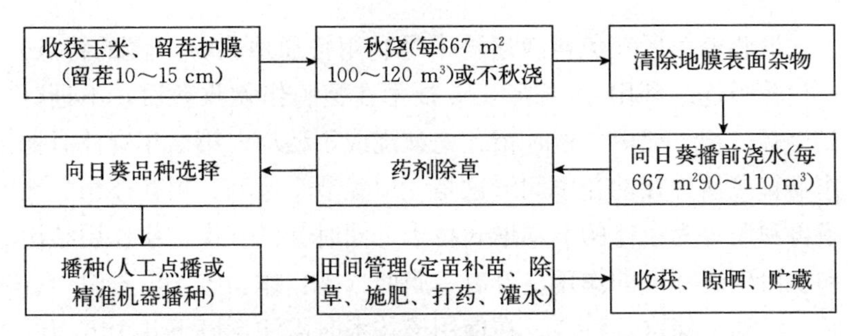

图3-10　地膜覆盖玉米后茬免耕种植向日葵技术步骤

33 什么是改进沟灌法？

沟灌是我国作物地面灌溉中普遍应用的一种灌水方法，首先要在作物行间开挖灌水沟，灌溉水进入灌水沟后，在流动的过程中主要借土壤毛细管作用从沟底和沟壁向周围渗透而湿润土壤。但是沟灌容易造成水肥的浪费，在全球都面临着水资源匮乏的形势下，需要对传统的沟灌方式进行改进，以提高灌溉水利用效率。改进沟灌法主要有以下技术措施：

（1）平整土地，根据种植作物设计合理的沟、畦规格　平整土地可减少灌溉水前进阻力，缩短灌水时间，减少渗漏。结合平整土地，设计合理的沟、畦尺寸，通过划长沟畦为短沟畦，改宽畦为窄畦，提高灌水均匀度和灌水效率。

（2）改进全部湿润方式，发展局部湿润灌溉　通过隔沟畦交替灌溉或者局部湿润灌溉，不仅能够提高土壤水分利用效率，而且可以改善作物根际土壤的透气性，促进根系深扎，有利于根系利用深层土壤水分。

（3）发展间歇灌溉，减少深层渗漏　将传统的沟畦一次放水改为间歇放水，又称间歇灌或涌泉灌。灌水量相同的条件下，间歇灌溉水流前进距离是连续灌溉的1～3倍。间歇灌溉不仅提高了灌水均匀度，而且减少了深层渗漏，提高了田间水的有效利用系数。

（4）采用输水管带，减少输水沟水分渗漏　采用输水管带，不仅可以减少人工挖输水沟成本，而且可以减少输水沟的水分渗漏损失，能有效地提高田间水分利用率。

34 什么是起垄覆膜沟灌？

起垄覆膜沟灌是在传统灌水方式的基础上发展起来的一种灌溉方式，将地面修整成垄台、垄沟后，地膜平铺于种植作物的垄台上，灌溉时由输水沟或毛渠将灌溉水引入田间垄沟，侧渗到作物根系的节水灌溉技术。

该技术利用垄沟灌水，垄上覆膜种植作物，旱能灌、涝能排，覆膜保水，节水增效明显。在西北沿黄灌区、内陆河灌区、井灌区和井渠混灌区等区域可推广应用于瓜果蔬菜、马铃薯、小麦、玉米、苜蓿和甘草等大田作物（图3-11）。该项技术如能配套高强度或全生物降解地膜、农机作业、墒情监测仪器设备等，节水效果将会更好。该技术应做到垄面和垄沟宽窄均匀，垄脊高低一致，同时应保证播前有适宜的土壤墒情，如果墒情不足应先造墒再起垄，并且在起垄前施足肥料。种植小麦一般垄宽70～80 cm、垄面宽50～60 cm、垄沟宽20～25 cm、沟深15～20 cm；玉米播种一般与覆膜同时进行，一般垄宽60～70 cm、垄高15～20 cm、沟宽30～40 cm。

图 3-11　马铃薯起垄覆膜沟灌

35 什么是膜上灌？

膜上灌是在地膜栽培技术的基础上发展起来的，它将地膜平铺于畦中或沟中，将畦、沟全部被地膜覆盖，利用地膜输水，使引入的灌溉水从地膜上面流过，并通过作物的放苗孔和专业灌水孔入渗，对作物根部附近土壤进行灌溉。由于放苗孔和专业灌水孔只占田间灌溉面积的 1%～5%，其他面积主要依靠旁（侧）渗水湿润，因而膜上灌实际上也是一种局部灌溉（图 3-12）。

图 3-12　大蒜膜上灌

36 什么是膜下灌溉?

在干旱地区可将滴灌管或者滴灌带放在膜下，利用滴灌管或者滴灌带上的灌水器进行灌溉，或利用毛管通过膜上小孔进行灌溉，这称作膜下灌溉。这种灌溉方式既具有滴灌的优点，又具有地膜覆盖的优点，节水增产效果更好。其中膜下滴灌（图 3－13）是将滴灌技术与覆膜种植相结合的一种高效节水灌溉方法，是最典型的膜下灌溉。滴灌带铺设在地膜下，通过滴灌枢纽系统将水、肥、农药等按作物不同生育期的需要量加以混合，借助管道系统使之以水滴状均匀、定时、定量浸润作物根系发育区域。具有高效节水、节肥、抑盐、增温保湿、节省农药等特点，能有效改善土壤水、热、气、肥条件。

图 3－13　膜下滴灌

37 目前有哪些化学节水措施?

目前的化学节水措施主要包括：①使用保水剂增加土壤的吸水、贮水和保水能力；②施用土壤结构改良剂改善土壤的团粒结构，从而增加土壤的持水、保水能力；③植株和叶片喷洒抗旱剂减少植物水分蒸腾，增强抗旱的能力。三者的共同特点是投资少、产投比高、操作简便，既适于干旱、半干旱地区，又适于易发生季节性干旱的湿润地区。但三种措施保水、抗旱的机制又有所差别。

保水剂是一种吸水能力特别强的高分子材料，能反复吸水、释放水，仅需很少的灌溉或降雨即可，不易被环境中的微生物破坏，能够长时间保持三维立体结构，从而长期向植物供水，农业上人们称之为“微型水库”。保水剂的使用方法包括直接拌土、拌种、种子包衣和蘸根。

土壤结构改良剂包括天然土壤结构改良剂和人工合成土壤结构改良剂两种。其特点是能使土壤形成良好的团粒结构，从而增加土壤对水分和养分的吸附、保存及供应能力。土壤结构改良剂按原料来源分类包括：①天然高聚物改良剂；②合成高聚物改良剂；③天然合成共聚物改良剂。

植物抗旱剂喷洒在植物枝干及叶面表层可形成超薄透光的保护膜，减少气孔开度，抑制植物体内水分过度蒸腾，延缓代谢；同时网状结构及其分子间隙具有透气性，能够保证植物正常呼吸与通气。抗旱剂用于拌种处理不仅能够提高种子的出苗率，还可以促进幼苗根系的生长，幼苗健壮、抗旱耐旱能力增强。

38 保水剂种类、作用、施用方法及注意事项有哪些？

保水剂能迅速吸收并保持自身质量数百倍乃至数千倍的水分，达到省水保墒的效果；当土壤干旱缺水时，又可迅速释放出水分供作物吸收利用，且可提高肥料利用效率，达到作物增产的目的。

（1）根据原材料，保水剂可分为淀粉类、纤维素类、高分子聚合物类保水剂等。①淀粉类主要成分是淀粉/聚丙烯酸盐接枝聚合物。利用作物淀粉合成，吸水倍率和速率较大，成本相对较低，但是稳定性和耐盐性较差，降解快，使用寿命短，一般只能维持 3～12 个月。②纤维素类主要成分是羧甲基纤维素交联体。由腐殖质合成，有效期 3～8 个月。③高分子聚合物类主要成分是以丙烯酸盐、丙烯酰胺通过聚合而成。吸水能力为本身重量的 150～400 倍，不溶于水和有机溶剂，稳定性和耐盐性好，在土壤中的使用寿命可长达 3～5 年。

（2）根据外观和剂型，保水剂可分为颗粒型、粉末型、片状型、液体型等。

保水剂在节水农业中的作用主要包括以下五方面：①节水抗旱。保水剂不溶于水，但能吸收相当自身重量成百倍的水，施到土壤中的保水剂，当下雨或浇水时，土壤中水分增多，它能迅速吸收水分，将其贮存起来；在周围干旱少水时，它又可缓慢释放所吸收的水分满足植物根系的需要。②有效减少施肥量，延长肥效期。保水剂具有吸收和保蓄水分的作用，可将溶于水中的化肥等农作物生长所需要的营养物质固定其中，在一定程度上减少了可溶性养分的淋溶损失，达到了节水节肥的效果。③保持土壤温度。施用保水剂之后，可利用吸收的水分保持部分白天光照产生的热能来调节夜间温度，使得土壤昼夜温差减小。④改良土壤团粒结构。保水剂施入土壤中，随着吸水膨胀和失水收缩的规律性反复循环变化，可使周围土壤由紧实变为疏松、孔隙增大，从而在一定程度上改善土壤的通透状况，可使黏重土壤、漏水肥的沙土和次生盐碱土壤得以改良。⑤促进作物生长。施用保水剂可使作物长期水分充足，显著提高种子发芽率、出苗率，增强抗逆性。

保水剂常见的施用方式包括条施、沟施、穴施、蘸根、种子包衣、拌种、地面喷施以及用于基质培养等。对于不同的作物，施用方法不同，施用量也有差别。无论哪种施用方法，都应在施用后充分灌溉。

保水剂使用时应注意以下四点：①适宜的使用时间。半干旱地区农田保水剂施用时间宜为春播之前。②合适的用量。保水剂施用量与土壤保水性（土壤质地）相关，施用前确定土壤质地，沙性土多施，黏性土少施；不同土壤和灌溉条件，宜选用不同用量和粒径的保水剂。③科学的施用方式。浅根系作物浅施，深根系作物深施，密植型作物混施，条播型作物垄施或沟施。④保水剂施用时应与相应农机具配套使用，提高施用质量与效率。

39 植物抗蒸腾剂有哪些类型?

植物抗旱蒸腾剂就是在作物快速成长期人为地干预作物蒸腾作用而使用的一种化学药剂。将植物抗旱蒸腾剂喷洒到作物叶面上，能降低蒸腾强度，减少水分散失。植物抗蒸腾剂通常包括3种类型：代谢型抗蒸腾剂、成膜型抗蒸腾剂和反射型抗蒸腾剂。

（1）代谢型抗蒸腾剂　也称气孔抑制剂，常见的有苯汞乙酸（PAM）、脱落酸（ABA）、阿特拉津、甲草胺、黄腐酸（FA）等。该类型抗蒸腾剂能使植株气孔关闭或气孔开度减小，增大气孔蒸腾阻力，从而降低水分蒸腾量，并通过影响保护酶系统活性来提高植物抗旱性。

（2）成膜型抗蒸腾剂　其有效成分为有机高分子化合物，抗蒸腾剂喷施于叶表面后，形成一层很薄的膜覆盖在叶表面，使透过气孔扩散进入空气中的水分大大减少。常见的有十六烷醇乳剂、氯乙烯二十二醇等。

（3）反射型抗蒸腾剂　反射型抗蒸腾剂喷施到植物叶片表面，能够反射部分太阳辐射能，减少叶片吸收太阳辐射，从而降低叶片温度，减少蒸腾。目前所用的反射材料主要是高岭土和高岭石，由于反射材料不具有选择性吸收和反射太阳辐射的能力，因此实际应用价值较小。

第四章　高效节水灌溉技术

40 什么是工程节水？

农业高效节水灌溉作为一个完整的技术体系，包括工程节水技术、农艺节水技术和管理节水技术。其中工程节水技术，即灌溉工程范畴的节水，包括灌溉工程的节水措施和节水灌溉技术，如渠道防渗、管道灌溉、喷灌、微灌、田间灌溉工程等。技术体系如图 4－1 所示。

工程节水技术包括以下三个组成环节：

（1）蓄水工程　指蓄存地表及地下径流，以备灌溉利用的工程技术设施。蓄水工程可分为地表径流蓄水工程、地下径流蓄水工程和雨水蓄水工程。

（2）输水系统节水技术　包括渠道输水和管道输水两类。目前我国农田灌溉的主要输水方式是渠道输水。渠道输水节水措施主要是渠道防渗技术，包括土料压实防渗技术、水泥土防渗技术、砌石防渗技术、膜料防渗技术、混凝土防渗技术及沥青混凝土防渗技术等；管道输水是以管道代替明渠将灌溉水直接输送到田间灌溉，以减少水在输送过程中的渗漏和蒸发损失的一种工程技术措施，通常简称管灌。与渠道输水相比，具有节水、节能、占地少、管理方便等优点，有利于适时适量灌溉。

（3）田间灌溉节水技术　包括改进地面灌技术、喷灌技术和微灌技术等。改进地面灌技术主要有小畦三改技术（长畦改短

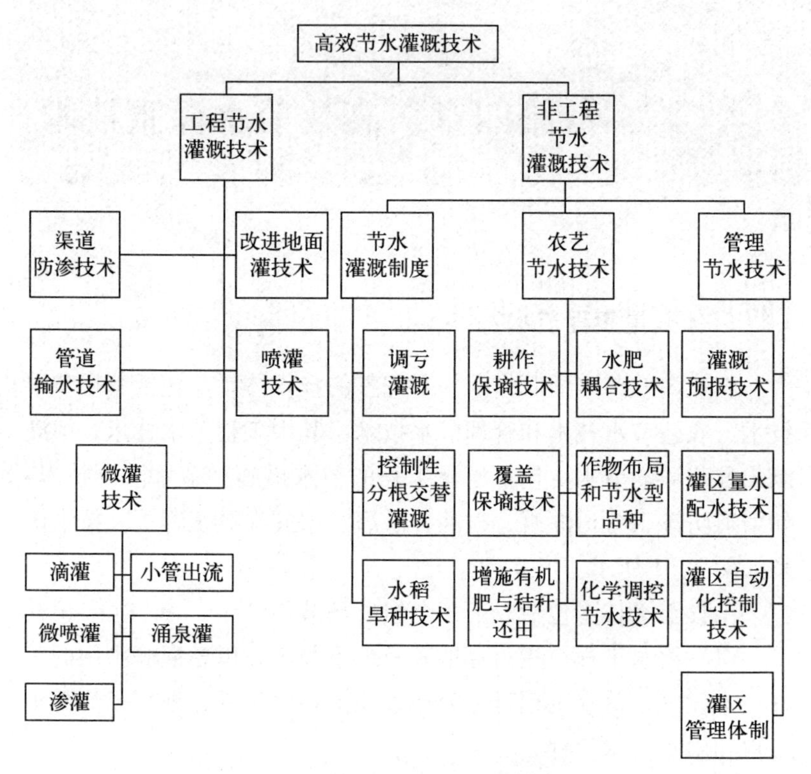

图 4－1　农业高效节水灌溉技术体系

畦、宽畦改窄畦、大畦改小畦）、长畦分段畦灌技术、膜上沟灌技术、涌流沟灌技术及激光平地技术。喷灌和微灌技术目前已比较成熟，可根据各地条件选用。

41 什么是高效节水灌溉？

高效节水灌溉是对除土渠输水和地表漫灌之外所有输水、灌水方式的统称，即把有限的灌溉水量在作物生育期内进行最优分配，以促进作物根系吸水，提高光合产物向经济产量转化的效率。根据灌溉技术发展的进程，输水方式在土渠的基础上大致经过防渗渠和管道输水两个阶段，输水过程的水利用系数从0.3逐步提高到0.95；根据灌水方式，在地表漫灌的基础上发展为喷灌、微灌直至地下滴灌，水的利用系数从0.3逐步提高到0.98。喷灌、微灌和管道输水灌溉等高效节水灌溉技术因采用“需水灌溉”“精确用水”“水肥一体化”技术而快速发展，该技术对土壤和地形的适应性较强，不仅能提高土地的利用率，还能提高水的利用率和生产力，同时还可以降低劳动成本、提高劳动生产率，是目前最先进的灌溉节水技术。

42 蓄水工程主要有哪些类型？

蓄水工程主要包括以下几个：

（1）拦河引水工程　按一定的设计标准，选择有利的河势，利用有效的汇水条件，在河道软基上修建低水头拦河溢流坝，通过拦河坝将天然降水产生的径流汇集并抬高水位，为农业灌溉和居民生活用水提供保障的集水工程。水库是代表性水工建筑物。

（2）塘坝工程　按一定的设计标准，利用有利的地形条件、汇水区域，通过挡水坝将自然降水产生的径流存起来的集水工程。拦水坝可采用均质坝，并进行必要的防渗处理和迎水坡的防浪处理，为受水地区和村屯供水。

（3）方塘工程　按一定的设计标准，在地表水与地下水转换关系密切地区截集天然降水的集水工程。为增强方塘的集水能力，必要时要附设天然或人工的集雨场，增大方塘集水的富集程度。

（4）大口井工程　建设在地下水与天然降水转换关系密切地区的取水工程，也是集水工程的一个组成部分。

（5）雨水蓄集工程　主要有水窖（窑）、蓄水池、涝池或塘坝等。在水流进入储水体之前，要设置沉淀、过滤设施，以防杂物进入水池。同时应该在蓄水窖（池）的进水管（渠）上设置闸板，并在适当位置布置排水道。在降雨开始时，先打开排水口，排掉脏水，然后再打开进水口，雨水经过过滤后，再流入水窖（池）储存。当水窖蓄满时，可打开排水口把余水排走。

本书主要介绍的是中小型蓄水工程。

43 水窖的设计要点有哪些？

水窖又称旱井，是农村主要的地下集水建筑物。水窖结构种类很多，有瓮形、瓶形、缸形、球形等多种形式（图 4-2），选用时应根据当地土质及群众经验确定。

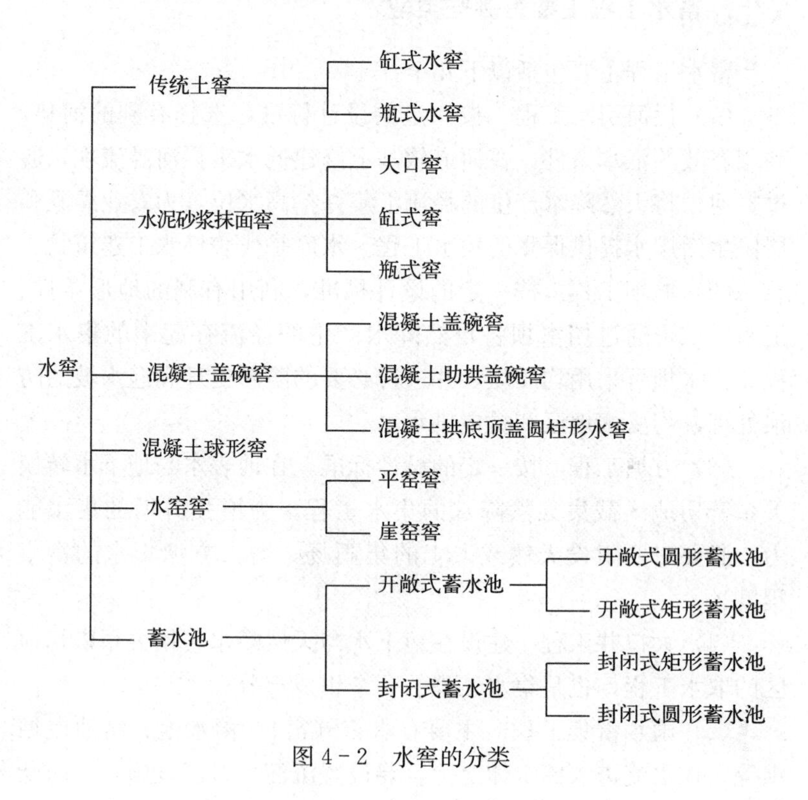

图 4-2　水窖的分类

（1）土质地基上修建水窖设计要点

① 顶盖可采用素混凝土或水泥砂浆砌砖半球拱结构，也可采用钢筋混凝土平板结构。混凝土或砖砌半球拱厚度不应<10 cm；钢筋混凝土平板结构应根据填土厚度和上部荷载设计。当土质坚固时，顶盖也可采用在土半球拱表面抹水泥砂浆的结构，砂浆厚度不应<3 cm。

② 当土质较好时，窖壁可采用水泥砂浆或黏土防渗，砂浆厚度不应<3 cm，窖壁表面宜采用纯水泥浆刷涂 2～3 遍，黏土厚度可采用 3～6 cm；土质较松散时，窖壁应采用混凝土圈支护结构，厚度不应<10 cm。

③ 底部基土应先进行翻夯，翻夯厚度不应<30 cm，底部基土上宜填筑厚度 20～30 cm 的三七灰土。灰土上应浇筑混凝土平板或反拱形底板，厚度不应<10 cm，并应保证与窖壁的砂浆或混凝土圈良好连接。土质良好时，也可采用在灰土面上抹水泥砂浆的结构，厚度不应<3 cm。

④ 水泥砂浆强度不应低于 M10，混凝土强度不应低于 C15。

⑤ 黄土地区水窖的总深度不宜>8 m，最大直径不宜>4.5 m。当窖盖采用混凝土或砖砌拱结构时，拱的矢跨比不宜<0.3；窖顶部采用砂浆抹面结构时，顶拱的矢跨比不宜<0.5。

⑥ 水窖窖台高出地面的高度不宜<30 cm，取水口直径宜为 60～100 cm。

（2）岩石基础上修建的水窖宜采用宽浅式结构 岩石开挖面比较完整坚固时，可在岩面上直接抹水泥砂浆防渗；岩石破碎或结构不稳定时，应采用浆砌石或混凝土支护。

44 集雨窖设计与安装需要注意哪些问题？

利用集雨窖补灌技术可以改变土壤环境、减缓旱情，其设计和安装应该注意以下问题：

（1）科学选择窖址　水窖应建设在灌溉农田附近，引水、取水都比较方便。丘陵山区可将灌溉用水窖建在灌溉田附近的高处，充分利用地形落差，通过自流、虹吸和提水进行灌溉。而且水窖应建设在土质条件较好的地方，一般要远离沟边20 m以上，避免建在陡坡、山洪沟边、大树旁等地。

（2）合理选择窖型　可根据不同地区的土质条件和经济状况选择合理的窖型和结构。窖型一般可分为瓮窖、罐窖、瓶式窖、盖碗窖等；建造结构可分为水泥砂浆薄壁窖、混凝土盖碗窖、砖拱窖、土窖、软体集雨窖等。

（3）水窖建设安装注意事项　①要做好配套设施建设，包括集水场、输水渠、沉沙池、拦污栅、进水管、窖口井台、安装水肥一体设备等。集水场，首先应考虑现有的集水场，如现有的集水场集流面积小，不能满足集水量要求时，则应修建人工防渗集流面来补充；有条件的地方也可结合小流域治理，利用荒山、荒坡地作为集流场。集水场汇集的雨水通过输水渠进入沉沙池，输水渠一般采用引水沟渠，引水沟渠应建成定型土渠并加以衬砌，其断面形式可以是U形、半圆形、梯形和柱形。沉沙池沿来水方向长方形布置，使来水入蓄水池时沉淀泥沙。拦污栅与进水管，用8号铅丝编制1 cm方格网片，安装于进水管前端，可防止杂草入池。窖口井台一般高出地面0.3～0.5 m，平时要封闭，可安装井盖或引水提水设备，或安装滴/喷灌系统。②要根据不同降水条件和设施农业种植需求，优化膜面和窖面的集雨面设计。③要充分利用设施农业间隙，配置适宜容积的新型软体窖（池）。④配备小流量微灌和施肥设备，提高自动化、精准化及抗堵塞能力。⑤集成水肥一体化，实现水肥耦合，提高水肥利用率。

45　蓄水池的设计要点有哪些？

蓄水池包括涝池、普通蓄水池和调压蓄水池三大类。在节水灌溉工程中常用普通蓄水池，按其构造特点分为开敞式和封闭式两类；依防渗材料不同，又有砖砌池、浆砌石池、混凝土池等。其设计应符合中华人民共和国国家标准《雨水集蓄利用工程技术规范》（GB/T 50596—2010）。

（1）水池宜采用标准设计，也可按五级建筑物国家现行有关标准进行设计。水池防渗衬砌可采用浆砌石、素混凝土块、砌砖或钢筋混凝土结构。浆砌石、素混凝土块、砌筑或砌砖结构的表面宜采用水泥砂浆抹面。

（2）采用浆砌石衬砌时，应采用强度不低于 M10 的水泥砂浆座浆砌筑，浆砌石底板厚度不宜<25 cm；采用混凝土现浇结构时，素混凝土强度不宜低于 C15；钢筋混凝土结构混凝土强度不宜低于 C20，底板厚度不宜<8 cm。

（3）湿陷性黄土上修建的水池宜采用整体式钢筋混凝土或素混凝土结构。地基土为弱湿陷性黄土时，池底应填筑厚 30～50 cm 的灰土层，并应进行翻夯处理，翻夯深度不应<50 cm；基础为中、强湿陷性黄土时，应加大翻夯深度，并应采取浸水预沉等措施。

（4）修建在寒冷地区的水池，地面以上部分应覆土或采取其他防冻措施。

（5）封闭式水池应设置清淤检修孔，开敞式水池应设置护栏，高度不应<1.1 m。

另外，丘陵山区坡地多、平地少，水库、堰塘也少，尽管有的山区过境水丰富，但利用成本高；山地修建蓄水池通常以山坡、荒地等为集流场，开挖截流沟和引水沟收集雨水。山地丘陵坡地水土流失严重，地表径流中含有较多的泥沙，汇集的雨水先流入沉沙池。沉沙池建在蓄水池旁边，泥沙适当沉降后流入蓄水池。蓄水池一般选在灌溉农田附近，引水、取水都比较方便的位置，充分利用地形特点在坡地腰部、坡前阶地及冲顶等地修建，同时选择修建在土质条件好、工程安全可靠的位置。将雨水汇集贮存、泉水引入蓄水池，有条件的还可以将库塘改造及泵站建设与雨水蓄集结合起来，减少引水量和抽水量，最大限度地利用雨水资源。

46 如何减少渠道渗漏？

渠道防渗是减少渠道输水渗漏损失的工程措施（图 4-3）。不仅能节约灌溉用水，而且能降低地下水位，防止土壤次生盐渍化；防止渠道的冲淤和坍塌，加快流速，提高输水能力；减小渠道断面和建筑物尺寸，节省占地，减少工程费用和维修管理费用等。农田灌溉渠道防渗的过程中，主要有两种显著的方法：一种是加强渠道防渗的管理力度，另一种是做好工程措施的合理控制。

具体防渗方法包括：

（1）土料防渗　适用于气候温和地区、黏土资源丰富、流速不大的中小型渠道。土料防渗材料主要由黏土、黏沙混合土、灰土、三合土和四合土等混合而成。黏沙混合土衬砌层厚度为20～40 cm；灰土、三合土、四合土衬砌层厚度为 10～20 cm。如果防渗层厚度>15 cm 时，应分层铺筑，铺筑过程中应边铺筑边夯实。土料防渗层铺筑完成后，要加强养护，注意防风、防晒、防冻。

（2）砌石防渗　适用于石料来源丰富、有抗冻和抗冲刷要求的渠道。依据防渗结构，可划分成护面式和挡土墙式防渗；依据材料和砌筑方法，可划分成干砌卵石和浆砌卵石防渗。渠道衬砌层的厚度多在 20～30 cm。砌石防渗结构与建筑物的连接处应按伸缩缝结构要求处理。

（3）混凝土防渗　适用于各类灌溉渠道，防渗效果最好（可减少渠道渗漏 90%～95%），还具有较好的抗冲、耐久性能，而且便于管理养护，但是其施工设备较多、施工程序复杂，在寒冷地区容易发生冻胀开裂。对于中小型的灌区渠道，混凝土保护层铺设厚度需要控制在 5～6 cm；但是对于大型灌区渠道，混凝土保护层铺设厚度需要设置在 8～10 cm。

（4）沥青混凝土防渗　常见沥青防渗施工技术主要有两种：一种是埋藏式薄膜防渗施工技术，先将渠道实施压实处理，然后清除杂物并洒水润湿，将沥青材料加热之后，使用沥青喷涂设备进行反复喷涂，形成沥青薄膜作为保护层，在保护层上面铺设素土材料，避免沥青层遭受破坏。另一种是青席防渗技术，将沥青喷洒在麻布、苇席以及石棉毡等材料的上面制成防渗卷材，铺设过程中要注意卷材的连接部分，设置一定尺寸的重叠部分，防止接缝存在渗漏情况。

（5）膜料防渗　使用不透水的膜料作为工程的防渗层，将其铺设在渠道的渠床上，以此达到防渗节水的目的。一般适宜于流速小的渠道防渗。该技术施工难度较低，适应性强，造价低。一般来说，搭接过程中预留的重叠部分的参数要严格控制，最大不得超过 10 cm。保护层可采用素土夯实或加铺防冲材料，总厚度不小于 30 cm，在寒冷地区，保护层厚度常取冻土深度的 1/3～1/2。

总之，规划好、设计好、建设好渠道防渗工程可以有效地提高渠系水利用系数，充分发挥现有工程的效益，防止土壤盐渍化及沼泽化，更有效地防止渠道冲刷、淤积及坍塌。

膜袋混凝土干渠防渗

混凝土板田间渠道防渗

图 4-3　渠道防渗

47 管道输水技术要点有哪些？

管道输水是指以管道代替明渠的一种输水工程措施。低压管道输水灌溉工程是指以管道输水进行地面灌溉的工程，简称管道灌溉工程，管道系统工作压力一般不超过0.2 MPa。它是利用水泵或地形落差将灌溉水加低压，以管道代替明渠，通过管道系统把水直接输送到田间沟畦，以减少水在输送过程中的渗漏和蒸发损失，满足作物生长的需要，农民常形象地称之为“田间自来水”，是发展面积较大的一种节水工程形式。低压管道输水灌溉系统具有节水、节地、经济实用等优点，且系统运行压力低，一般可满足灌区自流输水要求，具有广阔的应用前景。

（1）低压管道灌溉系统技术要点

①修建水源工程。利用井、泉、河渠、沟塘等水源，除有自然落差水头可进行自压管道输水外，一般需用水泵动力机提水加压。②铺设输水系统。一般由埋入地下的一级、二级或多级管道和管件连接而成，管材可采用硬聚氯乙烯管材、聚乙烯管材。③安装给配水装置。包括由地下输水管道伸出地面的竖管、连接竖管、向田间沟畦配水的出水口或连接竖管和地面移动管道的给水栓。④设置安全保护装置。为防止管道系统运行时可能发生的水锤破坏，在管道系统的首部或适当位置安装调压、限压及进排气阀等装置。寒冷地区应布设排水、泄空及防冻害装置。⑤装设或修筑田间灌水设施。可装设地面移动管道直接输水灌溉作物，也可修筑临时毛渠输水入沟畦灌溉作物。

（2）农田管道输水灌溉技术模式

① 山塘水库自流管灌模式。利用山塘水库坝下涵管，充分利用坝前水头势能，在涵管进口处连接输水管道，并依据水源位置、控制范围及种植作物等确定管网的布置形式和适宜的管材管径的技术模式，合理布置相关阀门和给水栓。②提水灌溉模式。

利用河流、渠道水源，修建提水泵站，将低处水提至高出，以达到作物灌溉的要求。③“管灌+智慧灌溉”一体化模式。依靠自动控制技术、传感器技术、通信技术、计算机技术等方面，通过安装相应的仪器设备，对管灌系统中的干、支管进行控制，达到智能化远程节水灌溉控制和管理。

（3）输水管道　分为主管（管径一般为75～110 mm）、支管等。目前输水管道使用较多的是塑料管，主管一般用聚氯乙烯管（UPVC），支管可采用聚氯乙烯管（UPVC）或PE管等材料（图4-4）。塑料管道具有重量轻、易搬运、内壁光滑、输水阻力小、耐腐蚀和施工安装方便等优点，是理想的输水管道。塑料管的主要缺点是受阳光照射时易老化。

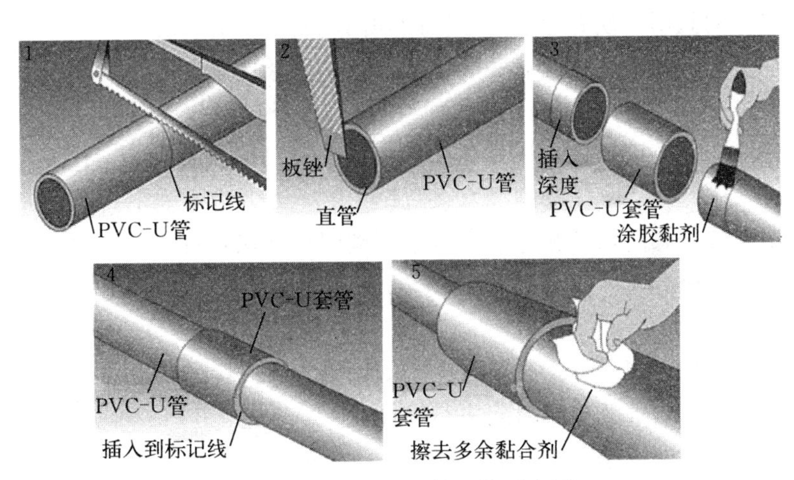

图4-4　PVC管胶粘连接示意图

1. 管道切割　2. 接口清理　3. 胶粘剂涂抹　4. 插入连接　5. 保持固化

48 为什么要缓慢开启和关闭压力管道系统主闸阀门？

压力管道系统工作时，管内承受较大的水压力，水流流速较快，如果遇到停电、事故、主闸阀关闭太快等情况时，水流对阀门或者管壁产生一个压力，由于管壁光滑，后续水流在惯性的作用下，水力迅速达到最大，并产生破坏作用，即为水锤效应，在此效应下导致管道爆裂，进而破坏系统的整体性。因此，压力管道系统的主闸阀在开启和关闭时一定要缓慢进行，延长启闭时间，避免水锤效应发生，保护管道安全。

49 管网维护与管道存放的注意事项有哪些？

（1）输配水管网通水前，应先检查各级管道上的阀门启闭是否灵活，管道上装设的真空表、压力表、排气阀等设备仪表要经过校验，干管、支管必须在运行前先冲洗干净。

（2）根据设计轮灌方式，打开相应分干管、支管、毛管管道水口的阀门，使相应灌水小区的阀门均处于开启状态。

（3）在上述工作做完并确认具备通水条件后，启动水泵，待系统总控制阀门前的压力表读数达到设计压力后，开启该阀门，并使压力表读数达到设计压力。

（4）当一个轮灌组灌水接近结束时，先开启下一个轮灌组的相应各级阀门，使相应的灌水小区阀门均处在开启状态，然后关闭已结束的轮灌组的相应阀门，做到“先开后关”，严禁“先关后开”。

（5）启闭干管、分干管上的阀门时，要按照设计上关于防护水锤压力要求的启闭时间进行操作。

（6）灌溉季节结束后，将地埋的干管、分干管等管道冲洗干净，并排掉管内余水以防管道冻裂。对铺设于地表的支管，要及时回收，防止在回收和运输过程中损坏管道。存放时，尽量做到按地块、按管道种类分别堆放，要防止老鼠等损坏管道。

50 什么是“小白龙”灌水？

“小白龙”灌水是用一种高压聚乙烯吹塑而成的薄膜管道代

替渠道进行灌溉的方法。工作时能随地形起伏输水，它在田间可以随意移动，细长曲折，在外形上看，就像卧在田间的一条长龙，所以形象地称之为“小白龙”。“小白龙”灌水技术的特点是先远后近、先高后低，田间灌水过程中采用脱节分段法，浇完一段地，抽掉一节管。“小白龙”灌溉投资少、见效快，在一定压力下进行，一般比土渠流速大、输水快，供水及时，有效减少渗漏和蒸发损失，提高灌水效率，使用方便灵活，经济实惠。但“小白龙”软塑管使用寿命短（一般不超过 4 年），强度低，机械性能差，易被扎、划而损伤，耐低温、抗老化性能差，当气温在 0 ℃以下时容易出现断裂。

51 什么是滴灌？

滴灌系统的组成

滴灌是利用管道系统和灌水器等专用设备，将具有一定压力的灌溉水一滴一滴地滴入植物根部附近土壤的一种灌水方法。滴灌主要借助毛管力的作用湿润土壤，不破坏土壤结构，可为作物提供良好的水、肥、气、热和微生物活动的条件，具有省水、省肥、增产的显著效果，可以控制环境温度和湿度，减少病虫害的发生，且避免了土壤板结和杂草滋生，还可适应复杂地形，易于实现灌水自动化。滴灌仅湿润植物根部附近的部分土壤，蒸发损失小，不产生地面径流，几乎没有深层渗漏，是目前最省水的一种灌水方法。

滴灌一般分为地表滴灌、地下滴灌和膜下滴灌。滴灌在灌溉时，往往采用一体化的滴灌带或滴灌管将灌溉水通过灌水器均匀地输送至作物根系，易与其他的农业栽培措施配套，实现播种、施肥、铺滴灌带、铺膜一次性机械化作业（图 4－5），所以适用于经济效益较高的行播作物，如棉花、加工番茄、制种玉米等。除此之外，滴灌技术也可以广泛应用于蔬菜、瓜果、花卉等设施农业栽培，北方干旱半干旱地区的果园也较多采用滴灌技术。其中，地下滴灌由于灌水器埋设在地表以下，不利于种子发芽和苗期生长，此外，地表上的农业耕作容易对其造成影响，所以往往多应用于多年生的作物，如苜蓿、葡萄等，同时与免耕技术联合应用。

图 4-5　铺滴灌带—铺膜—播种机械化操作

52 滴灌工程由哪几部分组成？

首部过滤系统

滴灌系统主要由水源工程、首部枢纽工程（包括水泵及配套动力机、过滤系统以及施肥系统）、输配水管网（输水管道和田间管道）、灌水器四部分组成（图 4-6）。

（1）水源工程　滴灌系统的水源可以为河流、湖泊、池塘、水库、水窖、机井、泉水、沟渠等，但水质必须符合灌溉（滴灌）水质的要求，由于这些水源经常不能被滴灌系统直接利用，或流量不能满足滴灌的要求，因此，要修建一些配套的引水、蓄水或提水工程，即为水源工程。水源工程一般是指：为从水源取水进行滴灌而修建的拦水、引水、蓄水、提水和沉淀工程以及相应的输水配电工程。

（2）首部枢纽工程　主要由动力机、水泵、施肥装置、过滤设施和安全保护及其测量控制设备，如控制阀门、进（排）气阀、压力表、流量计等组成（图 4-7），其作用是从水源中取水

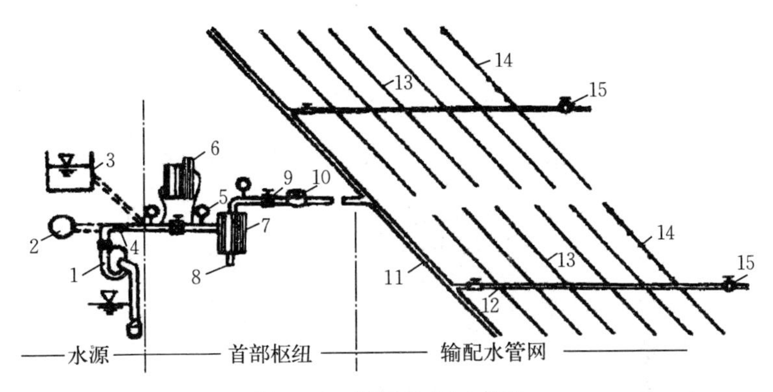

图 4-6　滴灌系统示意图

1. 水泵　2. 供水管　3. 蓄水池　4. 逆止阀　5. 压力表　6. 施肥罐
7. 过滤器 8. 排污管　9. 阀门　10. 水表　11. 干管　12. 支管
13. 毛管　14. 灌水器　15. 冲洗阀门

加压，并注入肥料（或农药等），经过滤后按时、按量输送到输配水管网中去，并通过压力表、流量计等测量设备监测系统运行情况，承担整个系统的驱动、监测和调控任务，是全系统的控制调配中枢。

（3）输配水管网（输配水管道）　输配水管网的作用是将首部枢纽处理过的水、肥按照计划要求输送、分配到每个灌水、施肥单元和滴水器（滴灌带、滴头）。滴灌系统的输配水管道一般由干管、支管和毛管三级管道组成，毛管是滴灌系统末级管道，其上安装灌水器，即滴灌带、滴头。滴灌系统中直径≤63 mm 的管道，一般用聚乙烯（PE）管材；>63 mm 的管道一般用聚氯乙烯（PVC）管材。田间灌溉系统分为支管和辅管 2 种灌溉系统：①支管灌溉系统，“干管＋支管＋毛管”；②辅管灌溉系统，“干管＋支管＋辅管＋毛管”。

（4）灌水器　它是滴灌系统的核心部件，灌水器是通过流道或孔口（孔眼）将毛管中的压力水变成水滴或细流的装置，其要

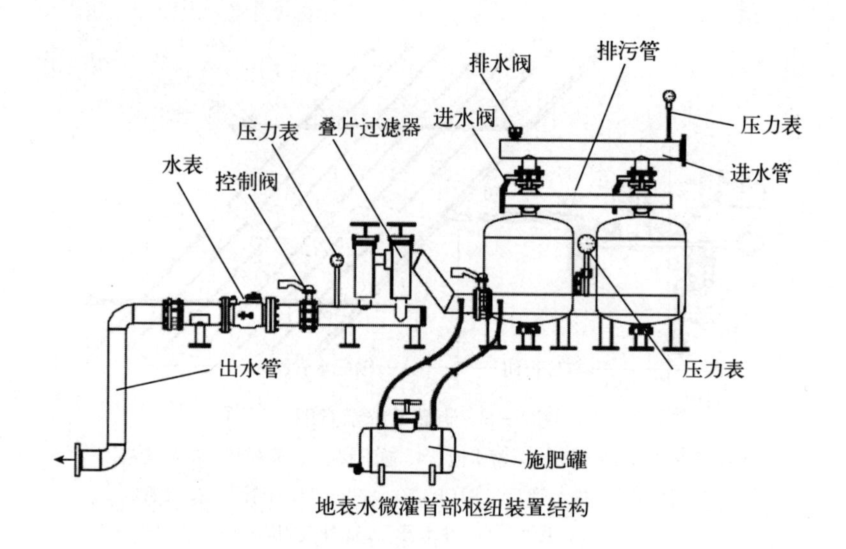

地表水微灌首部枢纽装置结构

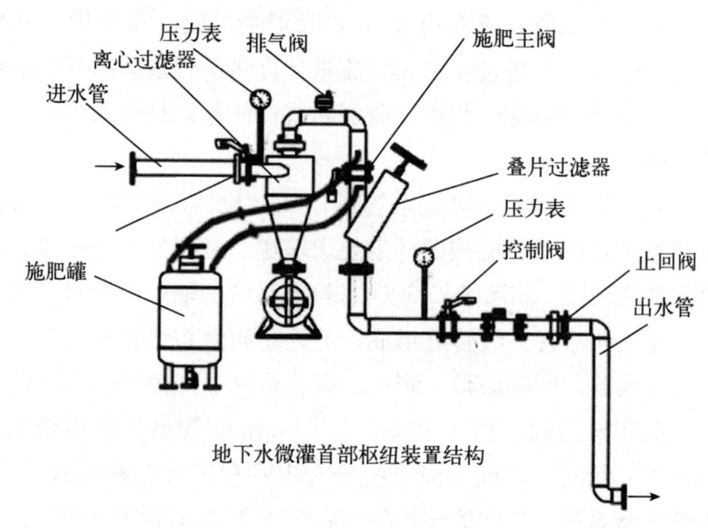

地下水微灌首部枢纽装置结构

图 4－7　首部枢纽装置结构

求工作压力为 50～100 kPa，流量为 1.0～12 L/h。水流经各级管道进入毛管，经过滴头流道的消能及调解作用，均匀、稳定地滴入土壤作物根层，以一个恒定的低流量滴出或渗出，在土壤中向四周扩散，满足作物对水肥的需求。滴头是滴灌系统中最重要的设备，其性能、质量的好坏直接影响到滴灌施肥系统的可靠性及滴水、施肥的优劣。

 滴灌系统对水质有哪些要求?

滴灌滴头和管道在日常使用中经常容易堵塞，除了部分使用者专业技能不到位和日常养护不当外，其主要原因多为对灌溉水源水质的控制不严格。长期使用劣质水源进行滴灌灌溉，不仅会造成滴灌滴头和管道的堵塞，使滴灌系统不能正常运转，还会造成农田土壤土质恶化、地力降低，影响农作物产量和质量。标准的滴灌灌溉水源水质应符合以下几点要求：

（1）水温　灌溉水的水温不能过高也不能过低，过高或过低对农作物的生长都有影响。

（2）水体杂质　如果水体中泥沙、杂草、悬浮物及化学沉淀物等过多，会直接导致滴灌管道和滴头堵塞，长期累积会使整个滴灌系统崩溃，造成不必要的经济损失。通常灌溉水进入滴灌系统之前要进行过滤，保证水体清澈，以避免上述问题的发生。

（3）水体 pH　一般农业生产中灌溉用水的 pH 范围要控制在 5.5～8.5 之间。

（4）大肠菌群　大肠菌群指标能表示水体受到动物排泄物污染的程度和水质使用的安全程度，国家灌溉水标准规定大肠菌群的个数小于 1 万个/L。

54 滴灌系统如何选择水泵?

水泵是滴灌工程中的重要设备之一，其作用是给灌溉水加压，使滴灌系统灌水器获得必要的工作压力。除少数利用自然高程差的农业自压灌溉工程或借用城镇自来水系统的园林滴灌工程外，其余大多数滴灌工程都需要配置水泵（图 4－8）。

图 4－8　泵房场景

滴灌工程常用的水泵是中小型离心泵和潜水泵。滴灌系统在水泵选择上主要考虑水泵扬程及流量。

（1）水泵扬程的选择　所谓扬程是指所需的压力，而并不是单一提水高度，明确这一点对选择水泵尤为重要。水泵扬程为提水高度的 1.15～1.20 倍。如某水源到用水处的垂直高度为20 m，其所需扬程为 23～24 m。选择水泵时应使水泵铭牌上的扬程最好与所需扬程接近，这样的情况下，水泵的效率最高，使用会更经济。但并不是一定要求绝对相等，一般偏差只要不超过 20%，水泵都能在较节能的情况下工作。

（2）水泵流量的选择　水泵的流量，即出水量。每种滴灌系统都有额定的流量范围，安装滴灌系统需要流量，即滴头的流量乘以预计安装的个数就是所需的总流量。一般不宜选得过大，否则会给灌溉系统带来爆管等问题，还会增加购买水泵费用。

整体上讲，水泵选型的基本原则：①在设计扬程下，流量满足滴灌设计流量要求；②在长期运行过程中，水泵的工作效率要高，而且经常在最高效率点的内侧运行为最好；③便于运行管理。

（3）滴灌系统水泵使用应注意以下事项

①水泵运行前的注意事项：a. 泵轴转动应灵活，无撞击声；泵轴径无明显晃动，电机润滑油足够。b. 检查进水管是否破损，对开裂处及时修补；检查各紧固螺栓是否松动，拧紧松动螺栓。c. 潜水泵的电机绕组、电绝缘应符合要求，才能使用。②水泵在运行中及停止过程中的注意事项：a. 水泵运行中要注意随时查看真空表和压力表，监视和记录水泵工作情况，倾听有无异常响动，轴承是否温度太高（不得超过 65 ℃），填料函滴水（运行状态良好的填料函滴水量为 40～60 滴/min）是否过多或过少，还应检查水泵转速及皮带松紧度是否正常。b. 潜水泵必须埋入水中工作，一旦露出水面应立刻断电停止运行，尽量避免烧毁的风险。c. 高扬程水泵停机时，应禁止突然中断动力，否则容易产生水锤效应，损坏水泵或管路。对装有闸阀的输水系统，停机时应缓慢地关闭闸阀，然后停机；对以柴油机为动力的抽水机组，也应逐渐减油后停机。冬季停机时应将泵内的水放净，以防锈蚀和冻裂；长期停机，应将各部件拆开、擦干、检查和修理，然后装配后储存于干燥处。

 灌溉工程中常见的过滤器类型有哪些？

叠片式过滤器

过滤器是清除水流中各种有机物和无机物，保证滴灌系统正常工作的关键设备。由于滴灌系统灌水器的流道很小，极易堵塞，即使使用较清的井水或泉水作滴灌水源，也必须设置过滤器，以保证滴灌系统的正常运行。对明渠水流，还应在集水池前段设纱网或砾石层作为滤水装置，必要时还应设沉淀池，以确保进入水泵的水流洁净，减轻过滤器负担。过滤器一般安置在施肥设施后面。

（1）离心过滤器　又称旋流式水沙分离器或涡流式水沙分离器。其结构简单，本身无运动部件，能连续过滤高含沙量的灌溉水（图 4 - 9）。其缺点是不能除去比重较水轻的有机质等杂物，水泵启动和停机时过滤效果下降，水头损失也较大。当滴灌水源中含沙量较大时，离心过滤器一般作为初级过滤器与筛网过滤器或叠片式过滤器配套使用。

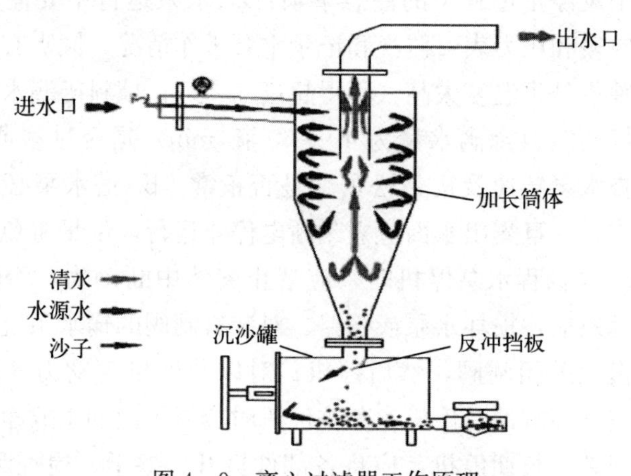

图 4 - 9　离心过滤器工作原理

（2）砂石过滤器　又称石英砂过滤器、砂滤器，它是通过均质等粒径石英砂形成砂床作为过滤载体进行立体深层过滤的过滤器，通常至少要使用 2 个。砂石过滤器是滴灌水源很脏的情况下使用最多的过滤器，它滤除有机质的效果很好。砂石介质的厚度提供了三维滤网的效果，比滤网滤除杂质的容量大得多（图 4 - 10）。主要缺点是价格较贵，对管理的要求较高，不能滤除淤泥和极细土粒。一般用于水库、明渠、池塘、河道、排水渠及其他含污物水源作初级过滤器使用。

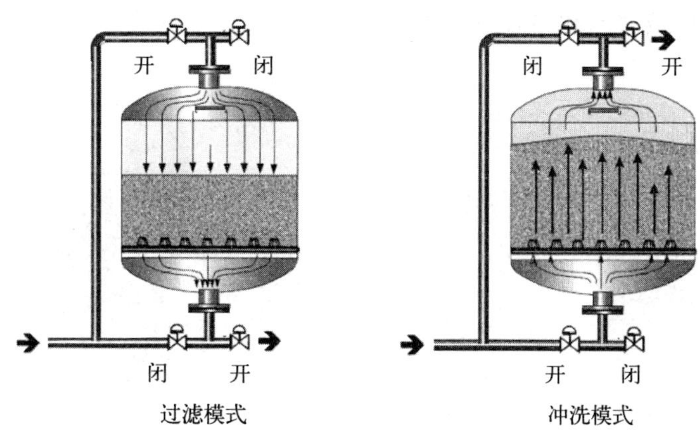

图 4-10　砂石过滤器工作原理

（3）网式过滤器　是一种传统且应用最广泛的过滤器，它用丝、条、棒或板通过编织、焊接、打孔和烧结等加工工艺，加工成一定精度孔、缝隙的过滤介质体，常见的有编织网、楔形金属丝网、激光打孔网和烧结板网等（图 4-11）。网式过滤器能很好地清除滴灌水源中的极细沙粒，灌溉水源比较清澈时使用它非常有效，但是当藻类或有机污物较多时，容易被堵死，需要经常清洗。滤网过滤器多作为末级过滤器使用。

图 4-11　网式过滤器

（4）叠片式过滤器　又叫盘式过滤器，其过滤介质由很多个可压紧和松开的带有微细流道的环状塑料片组成。压紧环状塑料片时，其复合内截面提供了类似于在砂石过滤器介质中产生的三维的、彻底的过滤，过滤精度远高于筛网过滤器，因此有很高的效率（图 4-12）。叠片式过滤器具有小巧、可随意组装、冲洗方便、安全可靠的特点。叠片式过滤器有自动和手动两种冲洗方式，初级过滤和终级过滤均可使用。

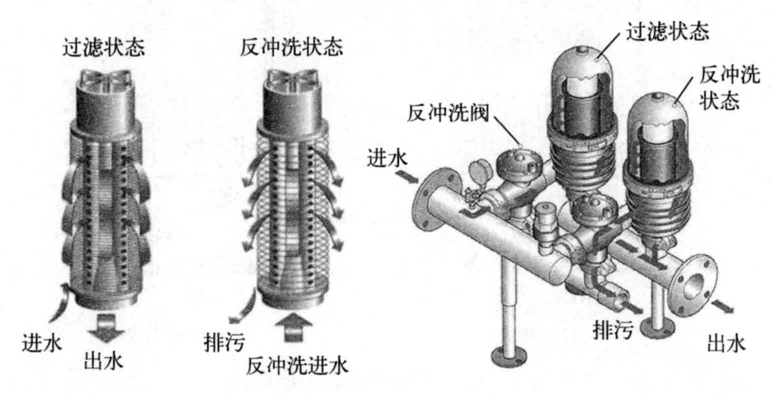

图 4-12　叠片过滤器工作原理

56 滴灌中如何选择过滤器或者过滤器组合类型？

实现过滤系统合理的设计和良好的应用，最核心的要素是因地制宜、因水制宜。过滤器选择的依据包括以下几点：

（1）要了解当地水源的来源和水体中悬浮物的特性　指用作灌水的水源是什么样的水源，是地下井水还是地面湖泊、水库水，由于水源来源不一样，水体中悬浮物特质就会不一样，杂质浓度也会不一样，甚至日照、风向、取水位置都会影响悬浮杂质的变化。有的有机物多，有的无机物泥沙多，所以一定要了解清楚现场水源情况，有针对性地设计配置好过滤系统。

（2）明确灌水器对过滤系统处理水质的要求　灌溉设计配置的灌水器（如滴灌带、滴灌管）是地埋管还是一年一用迷宫式滴灌带，毛管布设长度、压力变化范畴以及灌水器的流量大小等，这些因素同样决定了过滤系统的选取。对一年一换的迷宫式滴灌带，运行流量偏大的可以适当降低过滤系统要求。反之，地埋管和小流量的滴灌系统一定要在普通过滤要求上再适当提高，给系统预留一定处理能力。

（3）了解各种过滤器正常运行时必须满足的条件　指在设计和应用一套过滤系统前，首先要了解各类过滤器的工作原理和运行条件，才能根据现场水源条件和灌水器的要求来设计选用不同的过滤方式来组建一个系统。

在滴灌工程设计中，对水的过滤常见主要有离心过滤器、砂石过滤器、叠片过滤器和网式过滤器四种，这四种既可以独立，也可以组合过滤（图 4－13），目的是使过滤后的水体中悬浮杂质小于滴灌系统要求的粒径，不至于堵塞末端灌水装置。过滤器的选择可简单总结如表 4－1 所示。

图 4－13　过滤器在田间的使用

表 4－1　不同水源滴灌系统过滤器类型选择简表

水源类型	含杂质情况	选择过滤器
地表水	藻类、生物体、菌类等有机物和沙等无机物	砂石过滤器＋网式过滤器或叠片过滤器
地下水	沙和无机盐，含沙量<3 mg/L	离心过滤器＋网式过滤器或叠片过滤器

57 滴灌系统的过滤器应如何清洗？

过滤系统清洗过程

叠片、网式过滤器清洗

砂石过滤器过滤与反冲洗过程

首部枢纽中过滤器及清洗方法如下：

（1）砂石过滤器　在运行中必须做到以下几点：必须用过滤后的清洁水来进行反冲洗；在运行时必须检查安装在排污管上的反冲洗流量调节阀，使之正常工作。砂石过滤器在反冲洗过程中，一般同时使用高浓度的氯进行氯化处理；灌溉结束时，应将过滤器内的水排空；为防止藻类生长，在过滤器中加入适量的氯或酸，与水一起将过滤器浸泡 24 h，再进行反冲洗，直到排出清水，排空备用。对于低流速过滤器，应定期去除过滤器上层受污染最严重部分的介质并补充等量的清洁介质，视水质情况，一个灌溉季节需清洗 1～6 次。一般经过 1～2 个灌溉季节后，需根据水质情况，对过滤介质进行补充或更换。

① 对于手动反冲洗过滤器，应该按如下方法和步骤操作：a. 调整首部总阀的开启度，以获得足够的反冲洗压力；b. 缓慢打开反冲洗控制阀和排污管上的反冲洗流量调节阀；c. 用 100 目滤网或尼龙袜套去承接反冲洗水流，检查是否有滤料被冲出，当刚发现有滤料被冲出时，立刻将反冲洗流量调节阀锁定在此位置，此后不得改动；d. 在运行过程中，当过滤器上下游压力表的差值超过预设压力值 0.02 MPa 时，就要即刻进行反冲洗。

② 对于自动反冲洗砂石过滤器的操作要点：a. 首先要通过试验，确定过滤器通过洁净水时进口与出口的水头差；b. 初定过滤器工作时进口与出口增加的水头差，此增加值不宜＞3.0 m；c. 上述两项值相加即得过滤器的预设压差值，在系统运行初期，要仔细检查每次反冲洗的效果，因此，对预设压差值进行适当调

整，以达到满意的反冲洗效果；d. 为防止罐底部集水装置被细小的滤料堵塞，需使压差值不宜过大，可适度增加反冲洗的频率；e. 定期检查排污管排出的水是否洁净，若发现在反冲洗结束时排出的水仍含有需排出的杂质，说明罐中仍留有此类杂质，应适当加长反冲洗的时间；f. 从一个罐反冲洗控制阀关闭到另一个反冲洗控制阀完全打开之前，必须稍留一定的延时，这段时间要使罐内压力回升到有足够的反冲洗压力。

（2）网式过滤器　大田滴灌工程目前应用较多的是手动冲洗筛网过滤器，在运行时不易掌握，一般当压差超过设定值的 0.02 MPa 时，要立刻进行冲洗。方法是打开封盖，先将滤网芯抽出清洗，两端保护密封圈用清水冲洗，也可用软毛刷轻轻刷洗。但不可用硬刷刷洗，在保养、保存、运输、安装上要格外小心，不得有一点破损，一旦发现破损，要立即更换。

（3）叠片式过滤器　无论是手动冲洗还是自动冲洗方式，都需将压紧的叠片松开，后者必须能自行松散，因受水体中有机物和化学杂质的影响，有些叠片往往被粘在一起，也不易彻底冲洗干净，使用此种过滤器时，必须十分重视。手动清洗按照如下步骤进行：①关闭蝶阀。若有专用于开泵时排沙的三通或阀门，请打开。②开启注肥用 3.33 cm（1 寸）的球阀，排去过滤器中的残余压力。③开启叠片过滤器的小球阀排去压力，打开过滤器单元上的固定壳体，拆下壳体（站在壳体一侧）。④旋松滤芯叠片，开启连接在蝶阀和压力释放阀之间的冲洗用小手动阀，用连接其上的软管中的高压水冲洗叠片，可不必拆下整个滤芯。也可采用容器接水，把滤芯置于其中洗净。⑤滤芯清洁旋紧后，须冲洗过滤器单元内膛，以去除残留其中的细小污物。⑥逐个紧扣带有橡胶密封环的过滤器单元壳体。一定注意不能把壳体和盖子拧死。两者之前应该留有 0.5 cm 的间隙。

（4）离心过滤器　当流量不均匀、变化范围大时，要采取措施，使流量在设计流量范围内。另外，要随时观察该过滤器的水头损失，<3.5 m时，将不能分离出水中杂质。在运行中，要经常检查集沙罐，及时排沙，以免沙罐中积沙太多，使沉积的泥沙再次被带入系统。灌溉季节结束后，要彻底清洗集沙罐。冬季为了防止冰冻破坏，要将所有阀门打开，把水排放干净。

58 滴灌管道系统中哪些地方要安装安全阀和空气阀?

为保证滴灌管道系统安全运行，需要根据情况加装安全阀和空气阀（又称进排气阀，图4-14）。一般在泵房的首部位置需加装安全阀，主要包括止回阀、泄压阀、减压阀、组合式空气阀等；在田间管道上需加装减压阀和空气阀。

排气阀使用

图4-14 空气阀（排气阀）

（1）水泵启动前大量空气聚集在水泵吸水管和泵体内，而且水泵叶轮转动过程中游离出不少空气。因此，在水泵出口或者止

回阀前后应安装空气阀。

（2）在管道铺设最高处或某装置的最高点，尤其在水流流速低于带动空气运动的极限流速条件下，必须安装空气阀。

（3）在长距离输水系统中，当重力势能不能将空气运输至管道最高处的空气阀，或当水流流速过低不能将空气运输至最近的空气阀时，也应在管道中间的适当位置安装空气阀。

（4）应在主管的控制阀门前安装空气阀，有利于关闭主干管或支管控制阀门时及时排泄充水过程中积聚于阀门前的空气；此外，当开启阀门时，也可避免阀盘因吸入空气产生汽化。

（5）应在灌溉系统的水表或自动计量阀之前安装空气阀。水流中掺杂着大股空气，将会扰乱水表或自动计量阀的正常工作，造成读数刻度值偏大，从而降低实际灌溉水量，引起作物减产。

（6）应在过滤器的进口、出口及最高位置安装合适的空气阀，可以有效地排泄过滤器内部的空气，提高过滤和反冲洗效果。

（7）必须在滴灌轮灌小区控制阀门进口或在滴灌的支管进口处安装空气阀，可避免因系统停止运行，在滴灌毛管内出现水柱分离或滴头出口位置出现负压，有效提高滴头的抗堵塞性能。

（8）在灌溉系统内出现压力或流量急剧变化的场合，也应安装空气阀。

滴灌中常用的施肥方法有哪些？

压差式施肥罐操作流程

常用的施肥方法主要有压差式施肥罐施肥法（图 4－15）、文丘里施肥器施肥法、重力自压式施肥法、泵吸施肥法、泵注肥法等。

（1）压差式施肥罐施肥法　压差式施肥罐是田间应用较广泛的施肥设备。在发达国家的果园中随处可见，我国在大棚蔬菜及大田生产中也广泛应用。压差式施肥罐由两根细管（旁通管）与主管道相连接，在主管道上两条细管接点之间设置一个节制阀

（球阀或闸阀）以产生一个较小的压力差（1～2 m 水压），使一部分水流流入施肥罐，进水管直达罐底，水溶解罐中肥料后，肥料溶液由另一根细管进入主管道，将肥料带到作物根区。压差式施肥罐施肥是按数量施肥方式，开始施肥时流出的肥料浓度高，随着施肥进行，罐中肥料越来越少，浓度越来越稀。

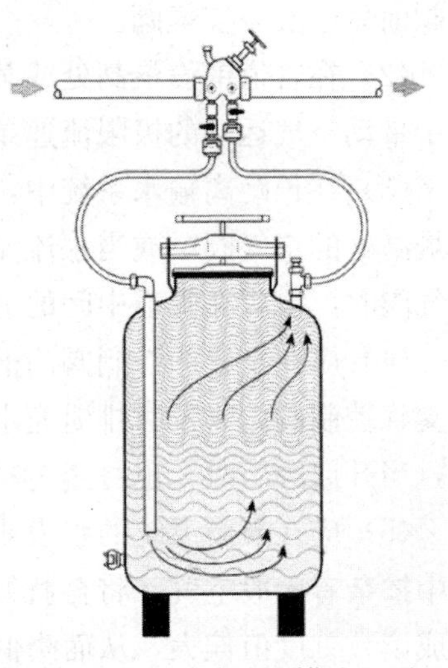

图 4-15　压差式施肥罐施肥原理

（2）文丘里施肥器施肥法　同施肥罐一样，文丘里施肥器在灌溉施肥中也得到广泛的应用（图 4-16）。文丘里施肥器可以做到按比例施肥，在灌溉过程中可以保持恒定的养分浓度。水流通过一个由大渐小然后由小渐大的管道时（文丘里管喉部），水流经狭窄部分时流速加大，压力下降，使前后形成压力差，当喉部有一更小管径的入口时，形成负压，将肥料溶液从一敞口肥料罐通过小管径细管吸取上来。文丘里施肥器即根据这一原理制成。

文丘里施肥器用抗腐蚀材料制作，如铜、塑料和不锈钢。现绝大部分为塑料制造。文丘里施肥器的注入速度取决于产生负压的大小（即所损耗的压力）。损耗的压力受施肥器类型和操作条件的影响，损耗量为原始压力的 10%～75%。选购时要尽量购买压力损耗小的施肥器。由于制造工艺的差异，同样产品不同厂家的压力损耗值相差很大。文丘里施肥器具有显著优点，不需要外部能源，从敞口肥料罐吸取肥料的花费少，吸肥量范围大，操作简单，磨损率低，安装简易，方便移动，适于自动化，养分浓度均匀且抗腐蚀性强。不足之处为压力损失大，吸肥量受压力波动的影响。

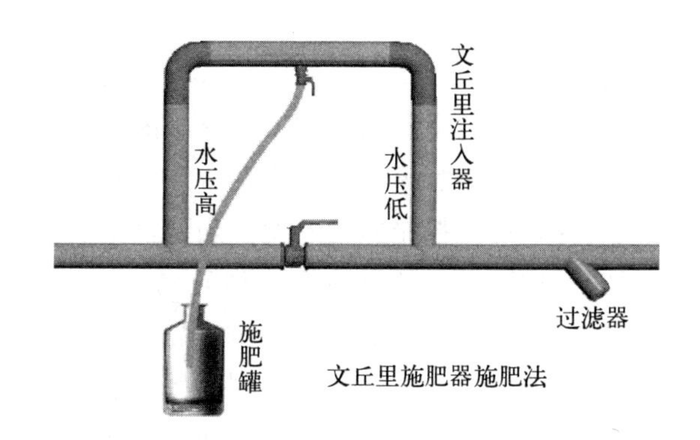

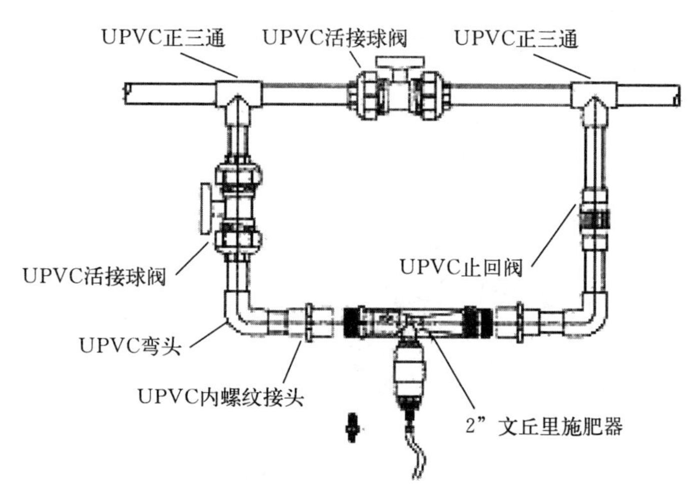

图 4-16 文丘里施肥器施肥原理

（3）重力自压式施肥法 在应用重力滴灌或微喷灌的场合，可以采用重力自压式施肥法。在南方丘陵山地果园或茶园，通常引用高处的山泉水或将山脚水源泵至高处的蓄水池。通常在水池旁边高于水池液面处建立一个敞口式混肥池（图 4-17），池体积在 0.5～2.0 m^3，可以是方形或圆形，方便搅拌溶解肥料即可。池底安装肥液流出的管道，出口处安装 PVC 球阀，此管道与蓄水池出水管连接。池内用 20～30 cm 大管径管（如 75 mm

或 90 mm PVC 管），管入口用 100～120 目尼龙网包扎。施肥时先计算好每轮灌区需要的肥料总量，倒入混肥池，加水溶解，或溶解好直接倒入。打开主管道的阀门，开始灌溉。然后打开混肥池的管道，肥液即被主管道的水流稀释带入灌溉系统。通过调节球阀的开关位置，可以控制施肥速度。当蓄水池的液位变化不大时（南方通常一边滴灌一边抽水至水池），施肥的速度可以相当稳定，保持恒定养分浓度。施肥结束时，需继续灌溉一段时间，冲洗管道。通常混肥池用水泥建造坚固耐用，造价低；也可直接用塑料桶作混肥池用。应用重力自压式灌溉施肥，一定要将混肥池和蓄水池分开，二者不可共用。

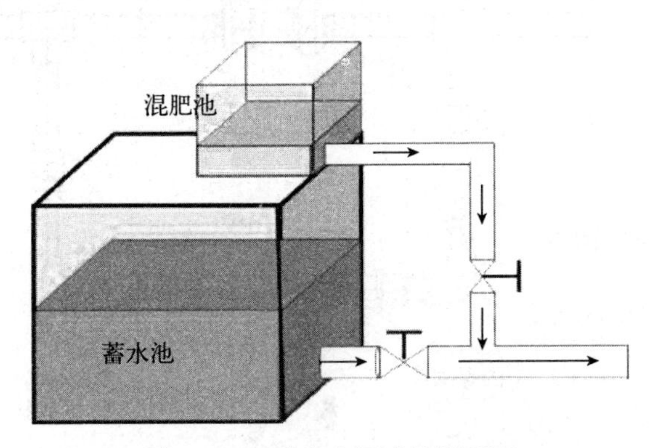

图 4－17　重力自压式施肥原理

编者在多个果园应用重力施肥法，用户普遍反映操作简单，施肥速度快且施肥均匀，节省人工。当蓄水池水源充足时，可以实现按比例施肥。施肥罐等设备安装在田间地头，容易被偷盗，而重力施肥法用的是水泥池，没有被盗风险，且经久耐用。不足之处为施肥装置建在果园或茶园地形最高处，运送肥料稍有不便。

（4）泵吸施肥法　泵吸施肥法是利用离心泵将肥料溶液吸入管道系统，适合于任何面积的施肥方法（图 4－18）。为防止肥料溶液倒流入水池而污染水源，可在吸水管后面安装逆止阀。通常在吸肥管的入口包上100～120目滤网（不锈钢或尼龙），防止杂质进入管道。该法的优点是不需外加动力，结构简单，操作方便，可用敞口容器盛肥料溶液。施肥时通过调节肥液管上的阀门，可以控制施肥速度。缺点是要求水源水位不能低于泵入口10 m。施肥时要有人照看，当肥液快完时立即关闭吸肥管上的阀门，否则会吸入空气，影响泵的运行。该方法施肥操作简单，速度快，设备简易。当水压恒定时，可做到按比例施肥。

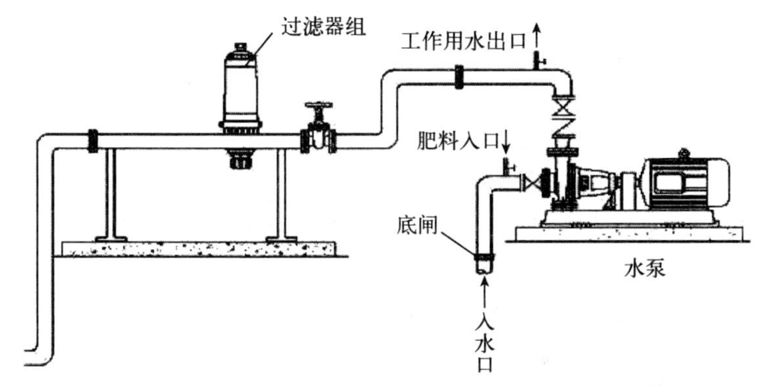

图4-18　泵吸施肥原理

（5）泵注肥法　在有压力管道中施肥要采用泵注肥法。打农药常用的柱塞泵或一般水泵均可使用。注入口可以在管道上任何位置。要求注入肥料溶液的压力要大于管道内水流压力。该法注肥速度容易调节，方法简单，操作方便。

60 如何合理选择和使用灌水器类型及滴灌带和滴灌管？

灌水器是滴灌系统中的重要设备元件，它保证实现点滴灌水。滴头好坏直接影响灌溉质量且需要的数量相当多。国内外灌水器的种类繁多，根据灌水器的结构与出流形式，灌水器通常分为滴头和滴灌管（带）两大类。

滴灌毛管
布置技巧

（1）滴头　通过流道或孔口将毛管中的压力水流变成滴状或细流状的装置称为滴头。滴头分类方式很多，一般有以下 3 类。①按滴头与毛管的连接方式。a. 管上式滴头（竖装）：结构与管间滴头基本相同，只是另一端封闭，螺纹芯子可拧出拧入，以便冲洗或调节流量。螺纹长的，流量为 7.5 L/h；螺纹短的，流量可达 9.5 L/h。b. 管间式滴头（卧装）：我国制造的管间滴头，其流道宽度为 0.75～0.9 mm，长度为 50～60 cm，在 1 个标准大气压下，额定出水流量为 2～3 L/h。c. 内镶式滴头（螺旋形滴头）：滴头由直径为 1 mm 的聚丙烯小管卷成螺旋形，又称为发丝滴头，其工作压力为 0.7 kg/cm^2，流量为 0.9～9.0 L/h。改变螺旋圈数，可调节流量。②按滴头流态分类。分为紊流式滴头和层流式滴头（多孔毛管、双腔管、微管）。③按压力补偿性能，滴头又可分为非压力补偿滴头与压力补偿型滴头两种。a. 压力补偿型滴头是利用水流压力对滴头内弹性体的作用，使流道（或孔口）形状改变或过水断面面积发生变化，即当压力减小时，增大过水断面面积；压力增大时，减小过水断面面积。从而使滴头流量自动保持在一个变化幅度很小的范围内。b. 非压力补偿滴头是利用滴头内的固定水流流道消能，其流量随压力的升高而增大。非压力补偿滴头按其消能原理又可分为以下几种：长流道滴头（如塑料微管滴头、螺纹滴头和迷宫滴头等）、孔口式滴头、可调型滴头。

（2）滴灌管（带）　将滴头与毛管制造成一个整体，兼具配水和滴水功能的管（带）称为滴灌管（带）（图 4-19）。滴灌管（带）的直径在 8～40 mm 之间，使用最多的是 16 mm 和 20 mm 两种，滴灌管厚度为 0.15～2 mm，1 mm 以下的使用量最大。滴灌管（带）根据其所用灌水器类型分为非压力补偿式滴灌管（带）与压力补偿式滴灌管（带）两种。目前国内外应用较广泛的滴灌管（带）主要有内镶式迷宫滴灌管和边缝式滴灌带。①内镶式迷宫滴灌管：在毛管制造过程中，将预先制造好的滴头镶嵌在毛管内的滴灌管称为内镶式滴灌管，内镶滴头有两种，一种是片式，另一种是管式。②边缝式滴灌带：一种 0.1～0.6 mm 厚的薄壁塑料带，充水时胀满管形，泄水时为带状，运输、储藏都十分方便。③优缺点：滴灌管与薄壁滴灌带相比，寿命较长，价格较贵；与滴头相比，价格较低，寿命较短，但安装方便。薄壁滴灌带的优势在于滴头用注成型，精度高、偏差小，其管壁薄、成本低，便于运输和铺设。在实际生产中，滴灌管和滴灌带的选择原则一般为：a. 一年生的大田作物宜选用一次性滴灌带；b. 多年生植物，如果树、茶叶等一般采用滴灌管；c. 保护地宜选用小直径的滴灌管或滴灌带；d. 地形平坦，毛管铺设短，尽可能用非压力补偿式滴头，反之则建议使用压力补偿式滴头。④滴灌管或者滴灌带的流量主要取决于地形和土壤质地：质地黏重的地块或者坡地最好选择流量<1.5 L/h 的滴灌管或者滴灌带，且质地越黏重、坡度越大，流量越小；质地较轻的梯田可以选择流量 2 L/h 左右的滴灌管或者滴灌带。此外，经济林单次灌水较多，如果沿等高线种植，可以选择管径 20 mm、流量 3.0 L/h 以上的滴灌管，还可以根据需求配流量较大的滴头。

图 4－19 沙漠滴灌管

（3）整体上，灌水器设计大致分为4个步骤

①根据地形与土壤条件大致挑选最能满足湿润区所需灌水器的大致类型；②挑选能满足所需要的流量、间距和其他规划考虑因素的具体灌水器；③确定所需的灌水器的平均流量和压力水头；④确定要达到理想灌水均匀度时灌溉单元小区的容许压力水头变化。

61 滴灌系统设计轮灌时需要注意哪些事项?

实际农业生产中，当需要灌溉的面积较大时，往往整个系统无法支持所有面积同时灌溉，在水压、水泵流量或者其他管道方面存在约束；或者不同片区的作物及其生长阶段不同，灌溉时的参数也完全不同。此时比较适合使用轮灌制度进行灌溉。轮灌的设计对系统投资影响比较大，同一轮灌组内的地块集中连片，运行管理方便，但流量集中、管路投资高；若地块过于分散，管路投资小，但又导致管理不便。应注意：

（1）各轮灌区面积、流量或者灌区灌水器出水量相近，以便水泵工作稳定，提高动力机和水泵效率，减少能耗。

（2）轮灌组中各灌水区相对集中。

（3）为了便于运行操作和管理，手动控制时，通常一个轮灌组管辖的范围宜集中连片，轮灌顺序可通过协商自上而下或自下而上，按一定顺序编组。

（4）同一轮灌组中尽量种植灌溉制度相同的作物。

（5）降低管网造价，应分散干管流量并尽量减少轮灌次数。在采用自动控制时，为了减少输水干管的流量，宜采用插花操作的方法划分轮灌组，即灌水小区均匀分散在不同的干管或分干管上，使干管或分干管流量尽可能小。

62 滴灌系统运行中常见故障如何排除?

滴灌系统运行常见故障主要有以下7个方面。

水肥一体化管道清洗

（1）水泵　水泵在正常使用过程中，多出现水力故障，下面以离心泵为例重点分析一下水泵常见故障产生的原因及排除方法。

①水泵不出水。其原因可能是：充水不足或空气未排尽，应继续充水或抽出空气；进水管路进气，应密封漏气部位；填料漏气严重，应更换填料；进水口被堵塞，底阀不灵活或锈死，应消除堵塞，修复底阀；水泵转向不正确，应改变水泵接线的线序；水泵转速过低，应提高水泵转速；水泵吸程过高，应降低水泵安装位置；水泵总扬程超过规定，应改变安装位置降低总扬程；水泵叶轮严重损坏，要更换水泵叶轮、水泵叶轮螺母及键脱出，要修复并重新紧固。

②水泵出水量不足。其原因可能是：水泵的进水管路接头处漏气或漏水，应重新安装接头，密封漏气或漏水部位；水泵的进水管淹没水深不够，吸入了空气，应增加进水管长度，增加淹没深度；水泵进水管路或叶轮处有水草等杂物，应清除水草等杂物；水泵填料漏气，应旋紧水泵压盖或更换填料；水泵的动力功率不足或转速不够，应更换水泵的动力机械或提高水泵转速；水泵总扬程超过规定，应改变安装位置降低总扬程；水泵吸程过高，应降低水泵安装位置；水泵的减漏环、叶轮磨损严重，应及时修理或更换。

③水泵在运行中突然停止出水。其原因可能是：水泵进水管口吸入大量空气，应增加进水管淹没深度；水泵进水管路突然吸入异物被堵塞，应及时清除堵塞；水泵叶轮被吸入的杂物打坏，必须修复或更换损坏的叶轮。

④功率消耗过大。产生的原因可能是：水泵转速过高，应适当降低水泵的转速；水泵流量和扬程超过使用范围，应适当调整水泵的流量和扬程，使其达到允许范围；水泵进水底阀太重，使进水功耗过大，应更换重量适当的底阀；水泵填料压得过紧，应

重新调整压力；直连传动的轴心线对得不准或带传动的传动带过紧，应校正轴心位置或适当调松传动带的张紧度；水泵的泵轴弯曲、轴承磨损，应及时修复或更换。

⑤水泵有杂声和振动。产生的原因可能是：水泵的吸程过高，应适当降低水泵安装位置；泵内进入杂物，应及时清除杂物；直连传动的两轴心线没有对正，应重新校正轴心位置；水泵的基础螺母松动，应重新旋紧基础螺母；水泵的叶轮损坏或局部堵塞，应更换水泵叶轮或清除杂物；水泵泵轴弯曲、轴承磨损过大，应校正泵轴或更换轴承。

（2）管道发生断裂　农田滴灌设备发生管道断裂故障现象时，产生的原因主要有以下三方面，应具体问题具体分析，合理解决。

①管材质量不好。对于管材质量不好的问题，要严把质量关，在购买管材时，一定要严格检查管材的质量，切不可粗心大意。

②地基下沉不均匀。当地基出现下沉不均匀现象时，要挖开地基进行认真检查，对不良的地基应进行基础处理。

③管道受温度应力影响而破坏，或因施工方法不当而造成管道破裂。在施工的时候，要求管道覆土厚度必须在最大冻深20 cm以下或在入冬之前将系统输配水管道中的水排空。当侧面有临空面或有管道通过涵洞时，一定要注意侧向及管下的土深要达到要求。要加强施工管理，在开挖管沟、处理地基、铺设安装、管道试压、回填管沟等几道工序上要严格按规范进行，当管道在通过淤泥地段时，必须采取加强处理。

（3）管道出现砂眼　管道出现砂眼的原因，一般是管子制造时的缺陷引起的。处理方法是在砂眼周围用100目的砂布打毛，并在砂眼周围已打毛的部分和另一管片打毛的内侧涂上黏合剂，把管片盖在砂眼上，并左右移动，使其黏合均匀，等待片刻即可修复。

（4）停机时水逆流　农田滴灌设备在停机时出现逆向流水的现象时，产生的原因可能是进、排气阀损坏，应查明原因，拆卸损坏的进、排气阀进行修复或更换；也可能是进、排气阀的安装位置不正确，管道出现负压，应查明原因并重新安装。

（5）滴灌滴水不均匀　设备出现滴水不均匀现象时，一般情况下表现为远水源处水量不足、近水源处滴水过急。故障产生的原因可能是滴头堵塞，应仔细检查各故障滴头，并清堵修复或更换滴头；也可能是供水压力不够，可调高水压排除故障；还可能是管路支管架设得不合理，出现了逆坡降，应根据地形合理调整支管的坡度或重新架设支管走向。

（6）过滤器堵塞　滴灌设备出现过滤器堵塞现象，产生的原因可能是进水水质过差，造成过滤器堵塞，应检验进水水质；也可能是过滤器使用时间过久，脏物沉积堵塞，应经常对过滤器进行拆卸检修。

（7）滴头堵塞　引起滴头堵塞故障的原因主要有物理、化学和生物几个方面的因素，操作中要视不同情况进行处理，选用合理方法排除故障。

63 如何清洗滴头上的碳酸盐沉淀？

滴头的堵塞分为物理堵塞、化学堵塞和生物堵塞。一般物理堵塞解决措施主要是合理配置过滤器，过滤器类型可选择离心、网式过滤器；化学堵塞可采用加氯、酸处理，化学处理时须结合具体条件，如水的 pH、温度变化等，否则会降低处理效果，甚至产生副作用。

化学堵塞处理方法：碳酸钙堵塞的避免方法是通过酸洗降低 pH，溶解沉淀。将 pH 降低到 6～7，可避免灌溉水中形成碳酸钙沉淀，并可溶解已形成的沉淀物。硫酸、盐酸、磷酸可以注入滴灌系统中用以酸洗沉淀，但有一定风险。比较安全的方法是注入硫态氮溶液。这种物质由硫酸与氮肥化合而成，与浓度高的酸相比相对安全。

64 什么是喷灌？

喷灌是指用专门的管道系统和灌水器将有压水送至灌溉地段并通过喷头（喷嘴）射至空中，以雨滴状态降落田间的一种灌溉方法。该灌水技术受风速和空气湿度的影响较大，资料显示：我国西北地区相对湿度为30%～62%、风速为0.24～6.39 m/s的情况下，喷洒水损失为7%～28%，所以在风速较大且湿度较小的地区不适用。

（1）喷灌系统一般由水源、水泵、动力机、管道系统和喷头五部分组成（图4-20）。喷灌系统一般分为两大类：①管道式系统，即固定式系统、移动式系统、半固定式系统；②行走式系统，即绞盘式喷灌机、平移式喷灌机、滚移式喷灌机。

图4-20　固定式与移动式喷灌

（2）喷灌的适用范围较广，几乎适用于灌溉所有的旱作物，如谷物、蔬菜、果树、药材等。从地形来看，既适用于平原也适用于山丘地区；从土质来看，既适用于透水性大的土壤也适用于入渗率较低的土壤。根据喷灌发展经验，下列地区实施喷灌可获得较好的效益，可优先发展喷灌工程：①种植蔬菜、果树、花卉等高附加值经济作物的地区；②在灌溉水源缺乏的地区、高扬程灌区、因土壤或地形限制难以实施地面灌溉的地区、有自压喷灌条件的地区；③不属于多风地区或灌溉季节风较小的地区，种植需要调节田间小气候的作物，包括防干热风或防霜冻的地区；④经济实力较强、农民技术水平较高、劳力紧张，实现了适度规模经营、统一种植、统一管理的地区。

喷灌与滴灌系统工程有什么区别?

喷灌与滴灌系统工程的主要区别如下：

（1）水分供应方式及压力不同　滴灌是将一定低压的灌溉水，通过低压输、配水管道，输送到最末级管道以及安装在其上的灌水器，以较小的流量均匀而准确地滴入作物根系所在的土层中的灌溉方法，属于局部灌溉；喷灌是借助于输、配水管道将灌溉水输送到最末级管道以及其上安装的喷头，均匀而准确地喷洒在作物的枝叶上或作物根系周围土壤表面的灌溉方法，喷灌可以进行局部灌溉，但主要是进行全面灌溉。喷灌压力较滴灌大。

（2）水分分布特征及运移不同　滴灌灌溉水以滴水状或细流状的方式落于土壤表面，在表面形成一个小的饱和区，随着滴水量的增加饱和区逐渐扩大，同时由于重力和毛管力的作用，饱和区的水向各方向扩散，形成一个土壤湿润体并逐渐扩大。滴灌灌水次数多，但湿润的是作物根区土壤，湿润深度较浅，而作物行间土壤保持干燥，形成了一个明显的干湿界面特征，因此滴灌条件下作物根区表层（0～30 cm）土壤含水量较高，与喷灌相比，大量有效水集中在根部。喷灌时，灌溉水通过喷头以雨滴形式降落到土壤表面，在重力和毛管力的作用下下渗，另外，喷灌灌溉水的水平分布是不均匀的，在喷灌面积内不同位置土壤接受的喷洒水量是不可能完全相等的，这是因为喷灌降落在地面各个位置的水量有差异。因此，喷灌情况下不同位置的土壤水量是不均匀的。

（3）养分分布不同　由于滴灌随水施肥的特点，养分也集中分布在由滴水形成的湿润体内，在土深 50 cm 以下养分含量显著降低。喷灌施肥是在压力作用下，将肥料溶液注入灌溉输水管道，通过喷头将肥液喷洒到作物上；另外，喷灌技术经常与缓释肥及传统施肥相结合，养分分布呈现多样化。

（4）滴灌较喷灌节水　滴灌与喷灌水分供应方式不同，滴灌时水不在空中运动，不打湿叶面，有效湿润面积以外的土壤表面蒸发量少，因此直接损耗于蒸发的水量最少；容易控制水量，不致产生地面径流和土壤深层渗漏，故可以比喷灌节省水 35%～75%。

66 什么是微润灌？

将半透膜原理引入灌溉领域，以半透膜的透水原理拟合生物半透膜的吸水过程，使灌溉系统的供水过程与植物的吸水过程在时间上同步，巧妙利用水势差和土壤势差所形成的势能驱动水的迁移，以微量、缓慢、连续的过程将水与肥料直接送入植物根层区，使土壤保持湿润的地下灌溉方法；可避免传统灌溉产生的径流、渗漏和田间蒸发水分损失，实现对作物全生育期进行连续灌溉。

微润灌溉系统主要由水源（地下水）、储水装置、水位控制器及水表、供水管路、微润管等组成。系统的供水水源为一个水箱，设于距地面一定高度处，通过水位控制器与微润管主供水管路相连，然后与微润管垂直相接，连接后形成一个平面供水管网；打开水箱上的阀门，水通过输水管进入微润管内并将微润管充满，逐渐在地下形成一个以微润管为中心的润湿体，供作物生长需水利用（图 4－21）。根据作物生长的不同阶段，通过调节水位控制器控制灌溉系统静水压，调控系统的出水量，并通过水表计量出水量。

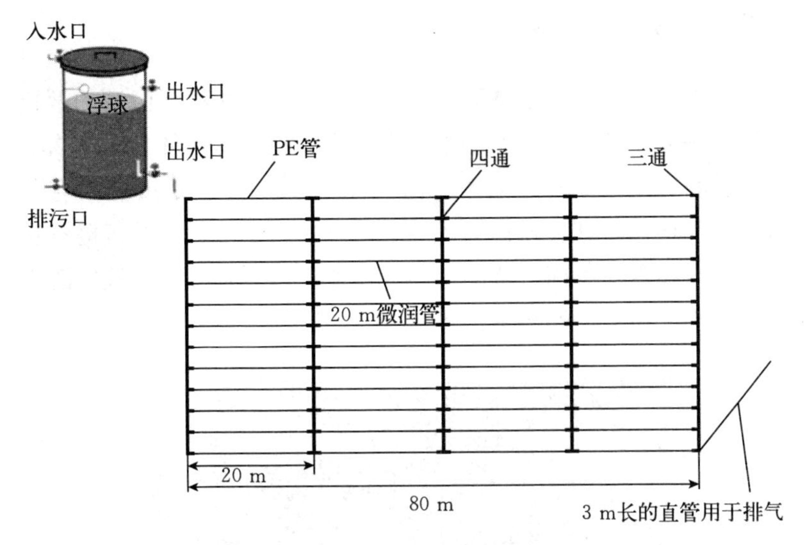

图 4－21　微润灌溉系统布设示意图

微润灌溉适宜于沙性土壤或耕作层为沙土的沙壤土，不适宜于壤土、黏质壤土。主要适用于生态治理、设施农业、各种果树种植（如苹果、红枣、梨、杏、核桃等）、经济作物（如茶叶、葡萄、中药、高效农业、城市园林绿化）以及经济效益较好的其他作物。

一般机器翻地深度为 25～40 cm，微润管应埋于 30～35 cm 深度才能不受翻地的影响，但是 30～35 cm 的埋深难以保证上层土壤适宜水分含量。因此，微润灌如用于设施农业、生态治理、绿化、果树等，可不用考虑埋设深度的问题，需要疏松表层土壤的时候，浅翻即可；如用于大田作物，耕（翻）地一般需要每年进行，尤其在干旱半干旱地区，只能采用人工翻地或小型机械浅翻，微润管达到更换年限的时候，再进行深翻。微润灌也可以和农艺措施相结合使用，如与地膜后茬免耕栽培技术、少免耕技术相结合使用。

67 什么是根渗灌？

根渗灌是一种地下微灌方法，通过置于作物根际区域的微孔渗灌管等灌水器，根据作物生长需水量，在低压条件下向作物根系层适时、适量灌水的灌溉方法（图 4－22）。因根渗灌具有节水节肥、便于管理及耕作等优点，特别适合于宽行距的行播作物灌溉，该技术在美国、法国、澳大利亚、以色列等国家被广泛应用于菜田、温室大棚和果园等。

图 4－22　根渗灌

（1）根渗灌的主要优点

①不破坏土壤结构，不造成土壤表面板结，灌水后土壤仍保持疏松状态，为作物提供良好的土壤水气环境；②降低地表土壤湿度，减少地面和作物棵间蒸发；③管道埋入地下，可减少占地、减缓老化、延长使用寿命；④省水省肥，提高水肥利用率；⑤降低表层土壤湿度，减少植物病害，防止杂草生长；⑥根渗灌灌溉系统压力低，可减小动力消耗，节约能源。

（2）根渗灌的主要缺点

①表层土壤湿度低，不利于新播种作物种子发芽和幼苗生

长，也不利于浅根作物生长；②投资相对较高，施工复杂，一旦管道堵塞或破坏，管道管理维修困难；③对透水性较强的沙质土壤，易产生深层渗漏；④由于根渗灌出水口小、不均匀，且作物根系具有趋水性，易产生堵塞，清理困难；⑤肥料过滤器（网）容易锈蚀，减少有效过水断面面积。

68 什么是涌泉灌水技术？

涌泉灌水，也叫小管出流，是通过安装在毛管上的涌水器而形成的小股水流，以涌流方式进入土壤的灌水形式（图 4－23）。它的流量比滴灌和微喷灌大，一般都超过土壤入渗速度。为防止产生地面径流，需在涌水器附近挖掘小的灌水坑以暂时储水。

涌泉灌水与滴灌和微喷相比较，出水孔孔径更大，具有节能、堵塞问题小、水质净化处理简单、流量大等特点，由于出流量往往超过土壤的入渗能力，需要挖储水坑配合灌溉，机械化程度相对较低，因此适用于质地较轻的沙质土壤以及株行距较大的果树灌溉，在其他作物上应用较少。

图 4－23　涌泉灌水

69 什么是集雨补灌技术？

集雨补灌技术是指在丘陵山区自然条件差、耕种地块不集中、不适宜建设较大水利设施的地方，通过建设旱井、水窖、蓄水池等集雨设施，收集雨水、引蓄泉水，并采用配套小型、简易提水设备，让无灌溉条件的旱地拥有一定的补灌能力，确保农作物播种用水和生长期严重干旱时的“保命水”（图 4-24）。

雨水是旱区农业生产的主要水源，集雨灌溉农业是一种主动抗旱的高效用水方式。集雨补灌就是通过打水窖、筑集水场、修引水沟等措施，拦蓄夏秋时节的水，再用节水灌溉方式灌溉春天耕种及生长期严重缺水时的耕地。雨水集蓄利用工程是指采取工程措施对规划区内及周围的降雨进行收集、贮存以便作为该地区水源，进行调节利用的一种微型水利工程，包括雨水的汇集、存储、净化与利用；一般由集流设施、蓄水设施、净化设施、输水设施及高效利用设施组成；主要适用于地表水、地下水缺乏，开采利用困难，且年平均降水量＞250 mm 的干旱半干旱地区或经常发生季节性缺水的湿润半湿润地区。

天然坡面集流

耕地雨水集流

图 4-24　集雨补灌

70 什么是细流沟灌？

细流沟灌是指用细小流量的水通过毛细管作用浸润土壤的沟灌。该方法是一种干旱半干旱地区节水增产较好的灌水方法，它既适用于中耕作物的灌水，也适用于小麦、糜谷、胡麻等密植作物以及瓜菜、苗圃等的灌水。

细流沟灌的进沟流量很小，一般为0.05～0.15 L/s，水在沟底缓缓流动，在毛细管作用下浸润土壤。细流沟灌主要有三种形式：

（1）垄植沟灌，作物种在垄背上。

（2）沟植沟灌，作物种在沟底。

（3）混植沟灌，垄背和沟内都种有作物（图4-25）。

图4-25　盐角草垄沟种植

05 第五章　现代节水灌溉技术

71 现代节水灌溉技术包括哪些内容？

现代节水灌溉技术是通过采用先进的水利工程技术、适宜的农艺技术和高效的用水管理等综合技术措施，充分提高水资源利用效率和劳动力资源利用效率的节水技术，是由水资源优化调配技术、节水灌溉工程技术、农艺及生物节水技术和节水管理技术组成，在灌溉水源、渠系输配水、田间灌水和灌溉管理各个环节采取相应的节水措施组成一个完整的现代节水灌溉技术体系。

72 什么是现代节水灌溉？

现代节水灌溉技术是与以往粗放式、传统的灌溉技术相比而言的，它是以当地的土壤、气象、水文条件以及作物的需水规律为根据，并以产量不会降低或保证作物增产增效、对土壤水和降水进行有效而充分的利用为前提，通过管理的、生物的、农艺的和工程的方式适时适量地进行灌溉，从而降低用水量，以达到生态、社会和经济效益期望的科学灌溉方式。

目前，现代节水灌溉技术主要是指喷灌、微灌（滴灌和微喷灌）等，本书中的现代节水灌溉技术主要是指在微灌（滴灌和微喷灌）的基础上融合水肥一体化、物联网、人工智能等技术的新型节水灌溉技术。

73 什么是自动化灌溉？

自动化控制是指在不用人参与的情况下，利用外加的自动化设备或装置，使设备的工作状态或参数自动地按照预定的规律运行。

自动化灌溉系统是由水源、首部控制装置、测量仪表、输配水管网、主控计算机、田间控制站、电磁阀、控制电缆及相关的软件系统组成的一套田间自动化灌溉系统。该系统在灌溉区域埋设安装有传感器，灌水时间、灌水量和灌溉周期等均由操作人员通过在系统首部利用电缆线（或无线传输）通过灌溉操作触摸屏（或计算机、手机）操作，来控制田间给水电磁阀的开启和关闭，操作人员不需要进入田间（图 5-1）。

图 5-1　自动化灌溉系统控制图

74 常用自动化灌溉系统有哪几个大类？

目前常用的自动化灌溉系统可分为时序控制灌溉系统、ET

智能灌溉系统、中央计算机控制灌溉系统三大类。

（1）时序控制灌溉系统　将灌水开始时间、灌水延续时间和灌水周期作为控制参量，实现整个系统的自动灌水。基本组成包括控制器和电磁阀，还可选配土壤水分传感器、降雨传感器及霜冻传感器等设备。其中控制器是系统的核心。灌溉管理人员可根据需要在控制器的程序中设置灌水开始时间、灌水延续时间和灌水周期等参数，控制器通过电缆向电磁阀发出信号，开启或关闭灌溉系统。控制器的种类很多，可分为机电式和混合电路式，交流电源式和直流电池操作式等，其容量有大有小，最小的控制器只控制单个电磁阀，而最大的控制器可控制上百个电磁阀。电磁阀一般为交流电 24 V 隔膜阀，通过电缆与控制器相连。电磁阀启闭时有一定的时间延迟，这一特性可有效防止管网中的水锤现象，保护系统安全。目前国内的自动控制灌溉系统，基本上均为时序控制灌溉系统。

（2）ET 智能灌溉系统　将与植物需水量相关的气象参量（温度、相对湿度、降雨量、辐射、风速等）通过单向传输的方式，自动将气象信息转化成数字信息传递给时序控制器。使用时只需将每个站点的信息（坡度、作物种类、土壤类型、喷头种类等）设定完毕，无须对控制器设定开启、运行和关闭时间，整个系统将根据当地的气象条件、土壤特性和作物类别等，实现自动化精确灌溉。

（3）中央计算机控制灌溉系统　将与植物需水相关的气象参量（温度、相对湿度、降雨量、辐射、风速等）通过自动电子气象站反馈到中央计算机，中央计算机会自动决策当天所需灌水量，并通知相关的执行设备开启或关闭某个子灌溉系统（图 5－2）。在中央计算机控制灌溉系统中，上述时序控制灌溉系统可作为子系统。

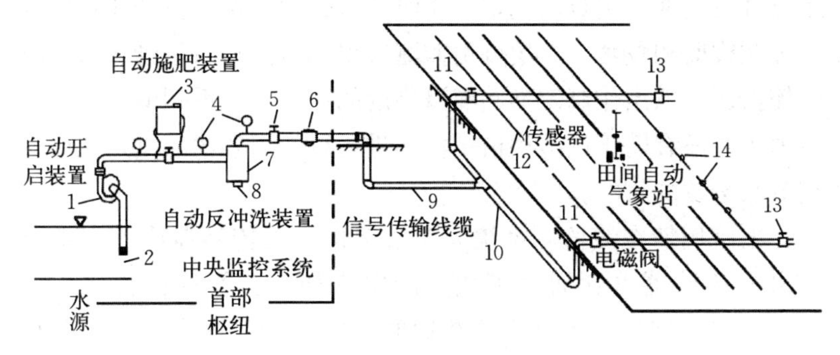

图 5-2　滴灌自动控制系统基本构架

1. 水泵自动启闭装置　2. 蓄水池水位传感器　3. 自动施肥装置　4. 压力传感器　5. 电动阀　6. 远传水表（或超声波流量计）　7. 自动反洗过滤器　8. 排砂电磁阀　9. 信号传输总线（无线方式不需要）　10. 地埋总线（无线方式不需要）　11. 电磁阀　12. 墒情采集站　13. 支管流量采集器　14. 毛管压力采集器

75 如何实现作物按需灌溉？

按需灌溉是根据作物需水规律，考虑施肥与水分的关系，运用工程、农艺、农机、生物、管理等措施，合理调控自然降水、灌溉水和土壤水等水资源，满足作物水分需求。

要实现真正的作物按需灌溉，离不开现场感知和本地的生态大数据。首先，需要全方位、多维度地现场感知，为按需灌溉提供依据。现场感知包括土壤水分及变化、地表地下温度、作物活跃根系位置及比例、气象数据等诸多对作物需水及生产环境产生影响的因素。其次，基于智能及大数据决策的执行机制，通过对水分数据、气象数据的综合分析处理，为每个拥有智能参照点的轮灌组制定灌溉决策——是否需要灌溉以及需要灌溉的时间。

76 如何实现土壤墒情在线监测？

土壤墒情在线监测是通过运用土壤墒情传感器等设备对土壤

水分进行定期、定点的测定，实时掌握田间土壤水分变化规律的一种在线监测技术。土壤墒情监测数据不但能够对旱涝进行实时预警，还可以当作制定准确灌溉制度的依据；长系列的土壤墒情数据积累还有助于调整种植结构，进行科学高效的灌溉，从而达到节水增效的目的。

土壤墒情在线监测系统为四层架构：①传感器应用层由土壤水分传感器（含通信模块、固定支架、套管结构件等）构成，主要实现各层土壤水分数据的获取；②数据采集层由采集器箱（含墒情采集器、通信模块、太阳能电池控制器、蓄电池等）构成，将传感器获取的土壤水分数据采集到墒情采集器；③信息传输层采用无线网络，将现场处理好的数据通过网络传送到中心接收站；④信息应用层由接收硬件的设备及相应软件组成，实现远程信息接收、处理、存储、应用等功能。

土壤墒情在线监测通过在田间安装土壤水分传感器（监测土层墒情深度视具体情况而定）、数据采集器箱（含墒情采集器、通信模块、太阳能电池控制器、蓄电池等）、供电系统（太阳能电池板等）、后台服务器、墒情管理软件、通信网络等辅助设备实现。现场远程监测设备自动采集土壤墒情实时数据，并利用无线网络实现数据远程传输；监控中心自动接收、自动存储各监测点的监测数据到数据库中。

77 如何保证自动化灌溉的均匀度？

影响灌溉均匀程度的因素很多，如灌水器工作压力变化、灌水器制造偏差、堵塞情况、地形变化等。可通过以下方式来保证灌溉均匀度：

（1）在供水首部运用变频水泵、稳压泵或无塔稳压供水装置保证灌水器工作压力稳定在一定的范围内。

(2) 在灌溉支管上安装压力调节器、管道流量控制设备以减少高程变化对微灌水压和流量的影响。

(3) 根据过滤器前后的设定压力差值（正常压差的25%～30%）自动进行反冲洗。

因此，要想保证自动化灌溉的灌水均匀度，除了选用制造偏差小的灌水器、首部安装多级过滤器以及平整土地以外，还要在灌溉首部运用变频水泵、稳压泵或无塔稳压供水装置、灌溉支管上安装压力调节器和管道流量控制设备，需要从多方面进行综合考虑和操作。

78 自动化灌溉系统控制的面积如何界定?

自动化灌溉系统可控制的面积主要是根据水源供水量（或水井出水量）进行界定，也就是供水量在一个灌水周期时间内能够满足灌水需求的农田面积。

水源为机井，可供流量即为井出水量，可以根据机井出水量确定最大可能的灌溉面积，如设计灌水定额为300 m^3/hm^2、每个灌水周期为10 d、每日灌溉时数为10 h、灌溉水有效利用系数为90%来进行计算，单井的控制面积为：井出水量60～100 m^3/h，单井控制面积18～30 hm^2；井出水量40～60 m^3/h，单井控制面积12～18 hm^2；井出水量20～40 m^3/h，单井控制面积6～12 hm^2；井出水量10～20 m^3/h，单井控制面积3～6 hm^2。

水源为河、塘、水渠时，应同时考虑水源水量和经济条件等因素来确定灌溉面积。

关于单项工程灌水规模，目前地表水滴灌工程，一个首部系统控制的灌溉面积一般为33～200 hm^2。较为经济合理的单项工程面积为33～100 hm^2，不宜超过200 hm^2，而且大多数是灌溉单一作物。

一般情况下，滴灌系统采用轮灌，灌水小区控制面积一般在

0.33～1.33 hm^2，一个轮灌组包括 2～4 个轮灌小区，一个滴灌系统约 20 个轮灌组。

79 自动化滴灌技术要点有哪些？

智能精准施肥及田间数据采集系统

（1）自动化滴灌系统布置以水源为中心，形成独立的灌溉系统（图 5－3） 首部依水源（渠口、水井等）而设，主管道布置在灌区的中间，便于分流；支管布置间距以满足灌水小区的均匀度要求为基础，便于管理。

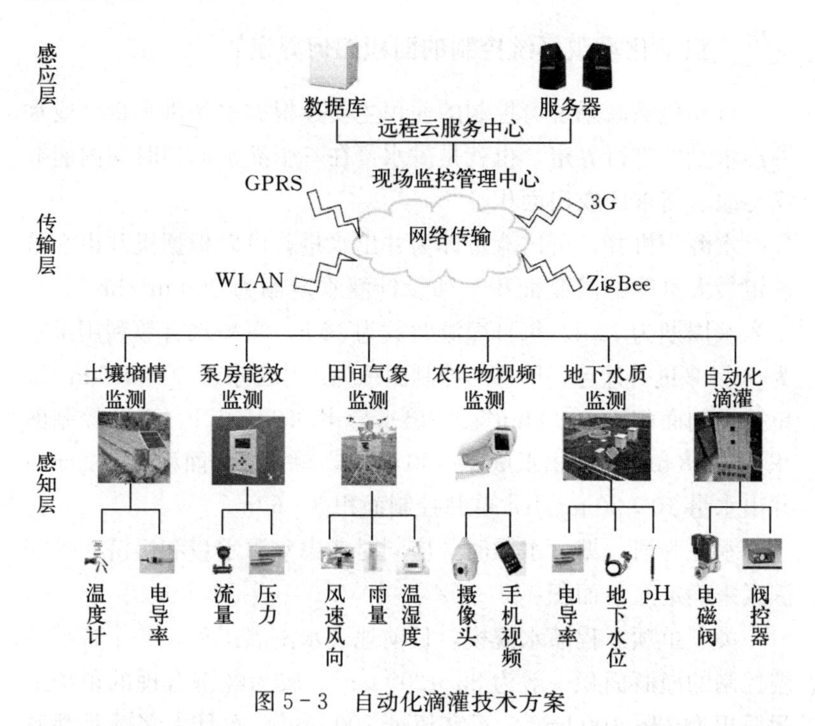

图 5－3 自动化滴灌技术方案

（2）控制系统的选择应根据田块实际情况，比较、筛选技术方案 选用模块化设计、可编程等控制器。配置多个输入输出端口，可连接计算机、多种传感器（土壤水分、气象、施肥、过滤器、水泵等），具有完备口令接收和指令功能等。

（3）传输方式的选择采用有线或无线两种传输方式　通过主控制器控制电磁阀，优化通信方案，安装工序简单。若采用有线方式，线路埋在地面以下 50 cm；若采用无线，传输距离应大于传感器布置点与中心控制室间的距离，以保证抗干扰强度，不出现乱码，高准确度。

（4）土壤水分传感器　可以采用时域反射式、频谱反射式等方式，在安装时，应根据实际地块的土壤水分特征曲线标定土壤水分传感器。

（5）田间气候站　能够自动采集风速、风向、日照、辐射、温度和降水等信息，以电信号的方式传输到中央控制器的中心计算机，由计算机分析、处理并保存，以计算每个时段或日平均的田间耗水蒸腾量，反映土壤水分的损失量，预测灌水周期和灌水量。可以自动预测和调整灌溉计划。

（6）过滤器　应采用自动反冲洗过滤器，可根据时间间隔、水量、前后压差等控制信号自动运行，以过滤水中的沙粒和其他杂质，确保系统安全和滴头的不堵塞。

（7）注肥器　应采用注肥泵，根据作物生长发育需肥规律和土壤养分状况进行随水滴肥，以满足作物的阶段需肥量。

（8）根据水源的供给和管路的布置来划分轮灌周期和灌水施肥时间　按照实测最低单井平均流量进行灌溉设计，划分轮灌区。灌水小区的布置原则即是以井为中心，分散布置，使主管道内水流充分。

（9）自动化滴灌控制系统软件　可以通过编程设计，使中心控制器能够按照指令执行自动化滴灌灌溉，同时还可以根据土壤水分传感器和气象站的数据收集，对田间耗水蒸腾量数据与实际情况进行调整实时程序，使滴灌施肥数量更加合理和精准。

（10）在灌溉过程中，土壤传感器及田间小气候站能够通过网关将数据实时传输到灌溉云平台上，当平台数据值达到预期值，云平台就下达调整轮灌组或者停止灌溉指令。

80 什么是水肥一体化？

水肥一体化
首部系统

水肥一体化是利用管道灌溉系统，将肥料溶解在水中，同时进行灌溉与施肥，适时、适量地满足农作物对水分和养分的需求，实现水肥同步管理和高效利用的节水农业技术（图 5－4）。

狭义来讲，水肥一体化就是将肥料溶入施肥容器中，并随同灌溉水顺管道经灌水器进入作物根区的过程，也叫作滴灌随水施肥，国外称灌溉施肥。

广义来讲，水肥一体化就是把肥料溶解后施用，包含淋施、浇施、喷施、管道施用等。扩展开来讲，就是灌溉技术与施肥技术的融合，包括水肥耦合技术、水肥药一体化技术以及叶面肥喷施等。

水肥一体化与节水灌溉二者的本质区别在于节水灌溉技术仅仅考虑灌溉水的产投比；而水肥一体化技术充分发挥了水肥耦合、相互促进的优势，综合考虑了作物产量、品质、经济效益以及生态环境效益。因此，水肥一体化技术更能体现现代农业可持续发展的特点。

与常规施肥相比较，水肥一体化技术在理念上具有以下特点（转变）：

（1）水肥分开转变为水肥一体　传统农业灌溉和施肥是两个独立的过程，水肥一体化将灌溉和施肥合二为一，在同一次灌溉中完成施肥，通过同一个灌水器进入相同的土壤位置，实现了水肥一体。

（2）渠道输水转变为管道输水　水肥一体化多数为承压灌

溉，不论是滴灌还是喷灌都需要压力才能将水肥均匀地分布在相应的位置，管道输水为水肥一体化提供了稳定的供水压力，同时管道输水为灌水器提供了较为干净的水源。

（3）浇地转变为浇作物　根系是作物吸收养分和水分的主要器官，农田中不是所有土壤都有根系分布。因此，水肥一体化首要的理念转变就是围绕作物根系分布区域特征，对作物进行灌溉，是浇作物，不再是浇地。

（4）土壤施肥转变为作物施肥　由于作物根系分布范围的变化及水肥一体化养分供应方式的转变，使得根系相对集中和施肥更加便捷。因此，水肥一体化改变了传统的一炮轰、全层施肥、大量施用基肥的理念，使施肥逐步转变为按照作物生育期进行的随时随地水肥管理。

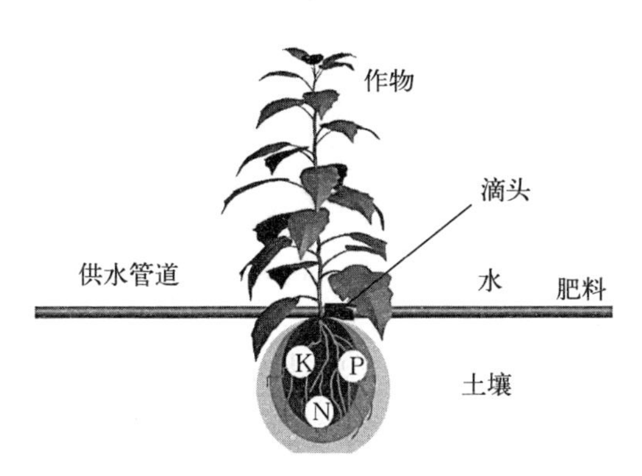

图 5-4　水肥一体化示意图

81　水肥一体化有哪些类型？

根据不同划分依据，水肥一体化主要有以下几种类型：

（1）根据控制方式划分

① 传统水肥一体化技术：将可溶肥料溶解于水中，使用

棍棒或机械搅拌，通过田间放水灌溉、田间管道抑或添加的滴灌或微喷灌等装置均匀地进入田间土壤中，实现被作物吸收利用。

② 现代水肥一体化技术：通过实时自动采集作物生长环境参数和作物生育状况信息参数，构建作物与环境信息的耦合模型，智能决策作物的水肥需求，通过配套施肥系统，实现水肥一体精准施入。

（2）根据作物类型划分　即大田作物水肥一体化技术、设施与蔬菜水肥一体化技术、林果水肥一体化技术、草地及草坪水肥一体化技术。

（3）根据灌溉方式划分

① 滴灌水肥一体化技术（本书涉及的水肥一体化技术，除了已经备注说明的，均指滴灌水肥一体化技术）：以农作物对水、肥的实际需求为基础，使用毛管上的灌水器和低压管道系统，把作物需要的可溶性肥料溶液逐渐、均匀地滴入农作物的根区，这种方法可以保证灌溉水以水滴的形式滴入土壤，在有效对水量进行控制的同时，大大地延长了实际灌溉时间；另外，这种技术确保了土壤内部环境（如水、气、温度、养分等）处于作物生长的适宜状态，使土壤的渗漏程度减小，且不会造成土壤结构的破坏。

② 喷灌水肥一体化技术：在作物对水肥需求规律的基础上，通过施肥设备把肥料溶液加入喷灌的水中，随着喷头喷射到空中散成细小的水滴，均匀地洒落在作物表面或者地面的一种灌溉施肥方式。该技术对土地的平整性要求不高，可以应用在山地果园等地形复杂的土地上。

③ 微喷灌水肥一体化技术：通过施肥设备把肥料溶液加入微喷灌的管道中，随着灌溉水分均匀地喷洒到土壤表面的一种灌溉施肥方式。与滴灌施肥技术相比较，微喷灌技术对过滤器

的要求不高，但是该技术的灌溉效果容易受到作物茎秆与杂草的影响，因此，应用该技术时一定要事先考虑作物种类和地形条件。

④ 膜下滴灌水肥一体化技术：膜下滴灌是覆膜和滴灌技术的结合，滴灌带铺设于地膜之下，灌溉施肥原理与滴灌水肥一体化技术相同。

⑤ 集雨补灌水肥一体化技术：开挖集雨沟，建设集雨面和集雨窖池，配套安装小型提水设备和田间输水管道，采用滴灌、微喷灌技术，结合水溶性肥料应用，实现高效补灌和水肥一体化。该技术可以充分利用自然降雨，解决降雨时间与作物需水时间不同步、季节性干旱严重的问题；适用于降水量较多，但时空分布不均、季节性干旱严重的地区。

82 如何实现水肥一体化以水带肥？

智能水肥一体机使用过程

以水带肥又叫灌溉施肥，它是一种追肥的方式。实际就是把固体的速效化肥或者液体肥溶解于水中并用以水带肥的方式施肥。以水带肥通常用水溶性化肥，随灌溉进行施肥，让可溶性的肥料养分渗入土壤中，为作物根系吸收。

管理粗放的甚至用大水漫灌来以水带肥。这种大水漫灌的施肥方式突出了一个“冲”字，很容易造成养分的大量淋失和水分利用率的降低。如果在节水灌溉工程中采用以水带肥，实现水肥一体化（图 5-5），不仅能节约用水、提高水分利用效率，而且肥料的有效吸收率会比常规施肥高一倍多，可达到 80%～90%，还可以大大节约人力成本。

以水带肥的肥效快，一般施用后 2～5 d 就可见效。因此，以水带肥近年来发展很快，被广泛应用于蔬菜及经济作物。

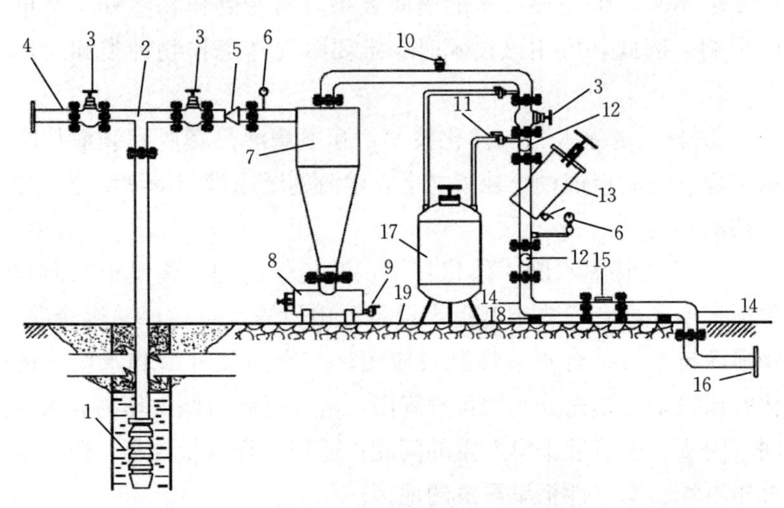

图 5－5　水肥一体化灌溉首部结构

1. 潜水泵　2. 三通　3. 闸阀　4. 排水管　5. 截止阀　6. 压力表　7. 离心过滤器　8. 集砂罐　9. 清洗口　10. 排气阀　11. 施肥口　12. 多通连接管　13. 网式过滤器　14. 弯管　15. 水表　16. 出水口　17. 施肥罐（立式）　18. 支撑墩　19. 基础

83 水肥一体化中如何选择肥料和施用肥料？

优质廉价适合大田作物应用的滴灌专用肥是水肥一体化较为理想的肥料品种。

（1）适合水肥一体化的肥料应满足以下要求

①肥料中养分（图 5－6）含量较高，溶解度高，能迅速地溶于灌溉水中；②杂质含量低，其所含调理剂物质含量小，能与其他肥料匹配混合施用，不产生沉淀；③流动性好，不会阻塞过滤系统和灌水器；④与灌溉水的相互作用很小，不会引起灌溉水 pH 的剧烈变化，当灌溉水的 pH 为 7.5 时，不宜施碱性肥料如氨水等，适当加酸性肥料降低灌溉水的 pH；⑤对控制中心和滴灌系

统的腐蚀性小；⑥灌溉水中的肥料总浓度控制在5%以下为宜。

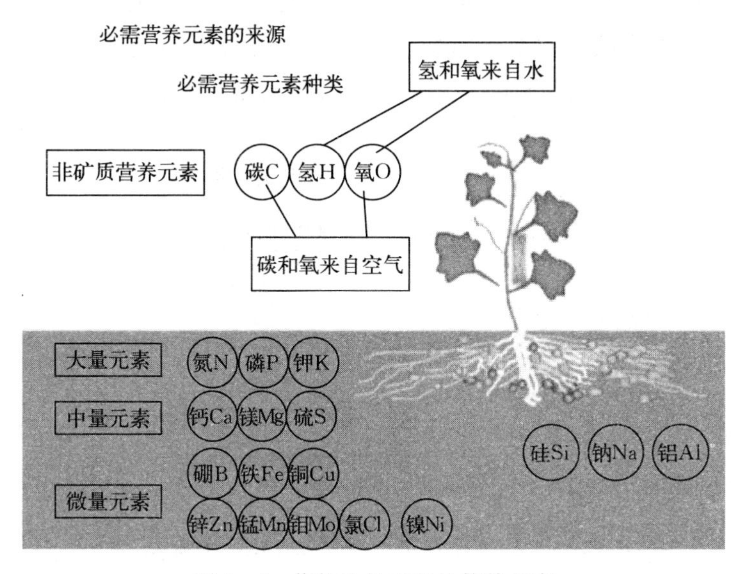

图5-6　作物生长需要的营养元素

（2）当多种肥料配成溶液用于水肥一体化时，由于液体中存在多种离子，离子间可能发生各种反应（图5-7），从而影响养分的有效性，因此，以下几种情况避免混合施用：①当溶液中存在钙镁离子和磷酸根离子时，会形成钙镁磷酸盐的沉淀，这种沉淀会堵塞滴头和过滤器，同时降低养分的有效性；②当钙离子与硫酸根离子结合时，会形成硫酸钙的难溶性沉淀；③有些肥料具有强腐蚀性（如磷酸），当用铁制施肥罐时，会腐蚀施肥罐；④在极端pH条件下络合剂的分解，如EDTA等在碱性条件下络合物容易分解，阳离子释放出来，易形成氢氧化物的沉淀；⑤某些肥料在混合时会产生吸热反应，降低溶液温度，使肥料的溶解度降低，并产生盐析作用，如硝酸铵、尿素等在溶解时都会吸热，使溶液温度下降。

在配制用于灌溉施肥的营养液时，必须考虑不同肥料混合后产物的溶解度。肥料混合物在贮肥罐中由于形成沉淀而使混合物的溶解度降低。例如，硝酸钙与硫酸盐混合会形成硫酸钙沉淀（石膏），硝酸钙与磷酸盐会形成磷酸钙沉淀（图 5－8）。

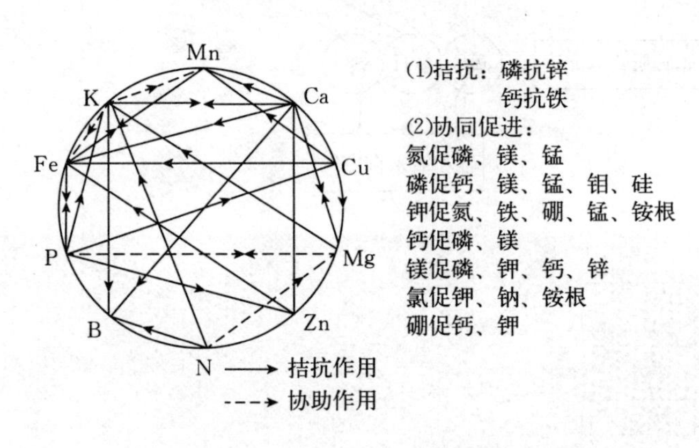

大部分营养元素在适当浓度下，对其他元素有促进吸收作用

图 5－7　营养元素之间的相互作用

肥料品种	硫酸铵	氯化铵	碳酸氢铵	硝酸铵	尿素	磷酸铵	硫酸镁	硫酸锌	硫酸锰	硼酸	硝酸钾	硝酸钙	硝酸钾
硫酸铜	√	√	×	√	√	×	√	√	√	√	√	×	×
磷酸钾	√	√	√	√	√	√	×	×	×	×	√	√	
硝酸钙	×	×	×	√	√	×	×	×	×	√	√		
硝酸钾	√	√	√	√	√	√	√	√	√	√			
硝酸锌	√	√	×	√	√	×	√	√	√				
硼酸	√	√	√	√	√	√	√	√					
硫酸锰	√	√	×	√	√	×	√						
硫酸镁	√	√	√	√	√	√							
磷酸铵	√	√	√	√	√								
尿素	√	√	√	√									
硝酸铵	√	√	√										
碳酸氢氨	√	√											
氯化铵	√												
硫酸铵													

注：“√”表示两种肥料能够混合。
“×”表示两种肥料不能混合。

图 5－8　肥料混合选择

84 目前种植户对水肥一体化普遍存在哪些认识上的误区?

电磁排污阀排沙过程

在水肥一体化实际应用中，虽然一些种植户认识到应用水肥一体化的优势，配置了水肥一体化设备，但是在使用过程中仍存在一些误区，影响了使用效果，主要表现在：

（1）对水肥一体化认识不到位　有些种植户认为采用水肥一体化系统需要把肥料彻底溶解，不溶解的肥料就无法使用，会产生浪费甚至堵塞管道，维护维修麻烦，不如撒施肥料后再漫灌方便实用，从而导致弃用水肥一体化设备。

（2）灌溉制度不合理　有些种植户按传统思维，认为每次采用水肥一体化的灌水量也必须像漫灌那样浇透才行，从而导致灌溉时间过长，造成水分深层渗漏；另外在植株生长不同阶段，常按一套灌溉制度灌溉，不懂得随生长阶段调整灌溉量和灌溉频次。

（3）不安装或没有定期清理过滤设备　有些种植户认为井水或其他水源很干净，不需要安装过滤器，或者长时间不清理过滤器。实际上井水中常含有较多泥沙，积累多了容易堵塞过滤器，影响过水。

85 应用滴灌水肥一体化技术的注意事项有哪些?

灌溉精准施肥过程

滴灌水肥一体化技术的运行效果取决于后期管理，制定科学的灌溉和施肥制度是保证滴灌水肥一体化效果的关键。因此，在应用滴灌水肥一体化技术过程中要注意以下事项：

（1）滴灌施肥时要防止过量灌溉　滴灌施肥时只灌溉根系及根系周围，根据土壤水分传感器监控灌溉的深度，当达到所需要的灌溉深度就停止灌溉。

（2）注意过滤设备的保护　过滤器在使用一段时间后要进行清洗。

（3）合理控制施肥浓度　应该严格控制肥料浓度，避免过量施肥，引起肥害。

（4）注意日常维护保养　滴灌水肥一体化系统需要通过精心维护才可以发挥其最优性能；每年灌溉季节结束后，必须对管道进行一次全面检查维修；冲洗管道及排空管道内存储的水，对首部设备进行清洗、遮盖保护。

86 什么是潮汐灌溉？

潮汐灌溉是基于潮水涨落原理而设计的一种高效节水灌溉系统，是针对盆栽植物的营养液栽培和容器育苗所设计的底部给水灌溉方式，可有效提高水资源和营养液的利用效率。潮汐灌溉系统见图5-9。

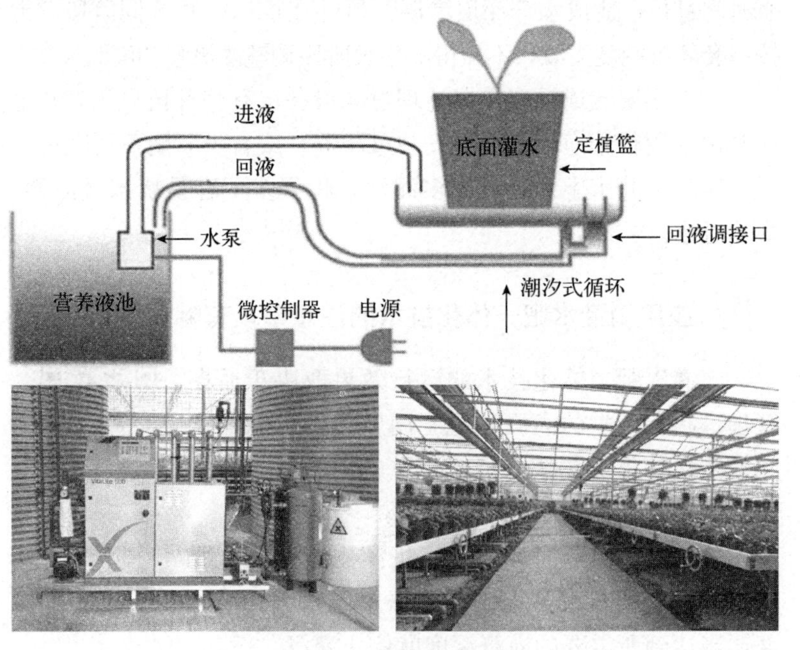

图5-9　潮汐灌溉系统

常见的潮汐灌溉主要分为两类，即地面式和植床式。地面式潮汐灌溉系统是在地表砌一个可蓄水的苗盘装水池，在其中分布若干出水孔和回水孔；植床式潮汐灌溉系统则是在苗床上搭建出一层大面积的蓄水苗盘，在苗盘上预留出水和回水孔。

在应用时，灌溉水或配比好的营养液由出水孔漫出，使整个苗床中的水位缓慢上升并达到合适的液位高度（称为涨潮），将栽培床淹没 2～3 cm 的深度；在保持一定时间（作物根系充分吸收）后，10～15 min 后，营养液由毛细作用而上升至盆中介质的表面，此时，打开回水口，将营养液排出，退回营养液池（称为落潮），待另一栽培床需水时再将营养液送出。潮汐灌溉系统具有调整营养液 pH 和各种养分浓度的设备，为避免营养液过度污浊，增加了介质的过滤系统和消毒系统。植床潮汐灌溉系统都须使用架高的特制栽培床，所以相对应的设备费用也较高。

潮汐灌溉应该注意以下几点：①需要时刻注意电导率（EC）和 pH；②注意消毒处理；③在高温或低温的季节还要监测水温；④潮汐灌溉还应当注意病虫害防治；⑤加强通风管理；⑥注意潮汐灌溉施工时的标准性。

06 第六章　关键农业节水技术的实施要点

87 长江流域棉花节水农艺措施要点有哪些？

长江流域光照充足、雨量充沛、无霜期长，从历年长江流域棉区棉花生产期间的气候来看，从棉花播种到6月上旬出现干旱、棉田墒情不足的现象较多，伏、秋干旱也经常出现，且丘陵和岗地区域灌溉条件不足、土壤保水能力差。因此，采取合理的节水农艺措施对缓解长江流域水资源紧张、季节性干旱意义重大。目前，长江流域棉花节水农艺措施主要包括选用抗逆性强品种、合理密植、棉田盖草以及田间管理等。

（1）选用抗逆性强的品种　选用抗旱、抗虫、抗病等高产而多抗性品种是棉花增产高效的基础。长江流域抗逆性强的优质品种有中植棉2号、浙大3号、中棉所41号、中棉所47号等。

（2）合理密植　适当增加种植密度，提高土地和光热资源利用率，充分发挥个体增产潜力与群体增产优势，降低干旱对棉花生产造成的风险。长江流域平原区棉花适宜密度为22 500～24 000株/hm^2，丘陵、岗地可以增加到30 000～33 000株/hm^2。

（3）棉田盖草　棉田盖草不但能提高前茬作物秸秆的利用率，减少秸秆焚烧引起的环境污染，而且节水效应明显。秸秆覆盖有利于降水入渗，减少地表径流，还可以使棉花各生育期水分供需状况趋于协调。另外，棉田盖草还可以抑制杂草生长，减少杂草与棉花竞争水分。

（4）加强田间管理　主要通过及时中耕松土、增施有机肥料、分次起垄培蔸、及时整枝除老叶等农艺措施增强棉花抗旱能力。

88 目前水稻节水农艺措施要点有哪些？

水稻是公认的高耗水作物，对水分的依赖性较大，充足的水分是水稻生长的必要条件之一。

水稻农艺节水需贯穿于栽培管理的全过程。包括从培育壮秧、耕地整地、栽插、施肥、灌水、病虫草害防治、化控节水技术应用以及改变栽培模式等。目前水稻节水农艺措施主要包括选择耐旱品种、水稻苗床旱育秧技术以及大田节水灌溉管理技术。其中大田节水灌溉包括水稻覆膜栽培技术、水稻浅湿灌溉技术、水稻控制灌溉技术、水稻薄露灌溉、水稻蓄雨型节水灌溉、水稻非充分灌溉以及水肥一体化技术。

（1）选用抗旱适宜良种　一般选用分蘖能力强、根系发达、株型紧凑、抗逆性强、适宜熟期的优良品种和杂交稻。

（2）旱育壮秧　实行旱育秧，旱管理，适时早炼苗。壮秧标准：根系保持新壮，叶片长宽比适中，不徒长，叶色浓绿，厚实，富有弹性。目前有工厂化旱育秧，其生产线由秧盘输送机、撒土机、喷水机、播种机、覆土机等组成作业流水线，是集约化、批量化培育壮秧的有效途径。

（3）少、免耕全旱整地　采取少耕、免耕、旋耕、全旱整地的做法，可节水 2～3 倍。少免耕对犁底层不破坏，减少渗漏，有利于保水保肥、蓄水抗旱。

（4）节水插秧技术　进行过水插秧，即在全旱平整地基础上，边放水、边拉板找平、边插秧的“三边”作业。插秧可手插、机插，也可抛盘育苗，进行抛、摆、点栽。

（5）合理平衡施肥　改变重氮肥、轻磷钾肥的观念和忽视硅肥和微肥的做法，坚持平衡施肥、平稳促进、全层施肥与灵活调节原则。

（6）浅—湿—干交替节水灌溉技术　根据水稻三叶期前的苗期和有效分蘖终止期两个抗旱最强时期，以及幼穗分化和减数分裂两个水分敏感期的特点，推广浅—湿—干节水灌溉技术，并根据不同土壤、不同生育期、不同降雨季节和地下水位进行灵活调节。浅水返青，分蘖前期湿润，分蘖后期晒田，拔节孕穗期回灌薄水，抽穗开花期保持薄水，乳熟湿润，黄熟期先湿润后落干，坚持苗期旱育标准，进入雨季或地下水位高时，可适当延长灌水间隔时间和减少灌水次数。

（7）栽培方式与种植制度调整　一是采用晚种晚插，选用中早熟品种，适当推迟播插时间，错开集中插秧用水高峰期；二是稀播、大苗迟栽；三是覆膜旱作；四是旱种旱管。这几种方式均可有效节水，但要因地制宜、灵活运用。同时，也可充分利用当地资源，采取多种复种方式，如稻麦、稻菜间套作及稻田养鱼、蟹、鸭等立体种养模式。

89 新疆棉花干播湿出节水技术的实施要点有哪些？

北疆棉区普遍应用“干播湿出”播种技术，即在棉花播种前既不冬灌也不春灌，而是在地温达到播种要求时直接整地覆膜播种，一般 2 d 内滴水，使膜下土壤墒情达到棉花种子出苗的要求。选择透气性较好的沙土、壤土地块，不宜选择易板结、僵苗的黏质土壤。技术要点：

（1）高标准整地　即整地达到“边齐、地平、土碎、地表干净、耕层土壤疏松、上虚下实”的标准。滴水条田要保持地面高度一致，保证滴水均匀和墒情一致。

（2）铺设滴灌带、地膜和播种　采用一膜二管四行和一膜三管六行（10 cm＋66 cm＋10 cm＋66 cm＋10 cm 机采棉）。以机采棉为例，调整毛管铺设位置，将 3 条滴灌带分别铺设在窄行中间，滴灌带、覆膜和播种同时进行，滴灌带和地膜一次性铺入，地膜上每隔约 4 m 用土压膜，防止风吹起地膜，压膜的同时给种子行覆土 3～5 cm 厚。滴灌毛管一般通用 2.2 L/h 左右流量滴灌带，毛管无喷漏；所有管网连接处无渗漏，测试滴灌系统压力指标稳定。沙土和壤土滴水毛管压力在 0.008～0.01 MPa，黏土田滴水毛管压力为 0.01～0.014 MPa。

（3）播种　根据本区域选择适宜主栽品种，使用种衣剂进行包衣。适期早播，当 5 cm 地温连续 5 d 稳定通过 12 ℃时即可播种，宜选择高温时段播种，北疆最适播期一般在 4 月 5 日至 25 日。

（4）播后滴水　建议播种后 48 h 内滴水，地膜内形成潮湿小气候，使地膜与地面形成似黏合的状况，从而避免大风揭膜现象发生；滴水 375～450 m^3/hm^2，毛管附近水平湿润峰边缘覆盖种穴处，膜内滴水均匀一致，无积水，膜孔覆土湿润不塌陷，滴水后次日种穴附近土壤体积含水量保持在 25%左右为宜。这种方法用水量只有传统播种技术用水量的 20%左右，节水效果显著，对缓解新疆水资源季节性紧张作用明显。

（5）田间管理　播种后及时查膜盖土，尤其在多风棉田，要严格检查，保证地膜的增温效应。对地头、地边、地角及停车处易漏播地段做好补种铺膜工作。干播湿出棉田易形成板结和盐渍化，因此，在播种 7 d 左右及时中耕，以抑制盐碱扩散和提高地温、增加土壤透气性。如果在种子覆膜土层形成硬土壳，要及时破土，避免阻碍棉苗出土。其他的田间管理措施与常规播种田相同。

90　春玉米集雨补灌技术要点有哪些？

（1）整地施肥　选择地势平坦、环境条件较好的沟台地或梯田，修建集雨灌溉工程设施。前茬作物收获后深翻土壤，一般深度为25～30 cm，结合翻地施足底肥，耙平。

（2）补灌方式　利用集流窖集蓄的降水进行补灌，供电不方便的地块可利用窖高地低的地势差供水；供电方便的地块可用潜水泵抽水灌溉。在输水管上安装阀门调节压力，田间将滴灌带或微喷带平铺于膜面行间，进行微喷或喷灌，用水表或测水窖水位的方法控制灌水量。

（3）补灌时间及灌水量　在冬春连续干旱、土壤墒情不好导致无法下种的干旱年份，进行窝水点种，确保出苗。生长期补灌3次，补灌水量为450～500 m^3/hm^2，补灌时间可根据实际降水情况确定。玉米拔节期补灌115 m^3/hm^2，大喇叭口期补灌230 m^3/hm^2，穗期补灌112.5 m^3/hm^2。

（4）补苗、定苗　在玉米3～4叶期进行间苗，缺苗时进行移栽补苗；5～6叶期定苗，拔除弱苗、小苗、病苗和杂苗。

91 内蒙古东部玉米喷灌技术实施要点有哪些？

以内蒙古东部玉米采用中心支轴式喷灌机（郭克贞《内蒙古东部玉米喷灌技术》）为例：

（1）精耕整地　喷灌对地面要求不用过于平整，但是对于留茬的农田，播前需要先将上一年种植的作物翻耕（10～15 cm）清理出去。同时施有机肥、磷肥、复合肥等基肥，对田块进行耙耱镇压提墒。

（2）播种　播种期一般为4月下旬，最晚不超过5月10日。播前浇足底墒水，喷施除草剂，播深3～5 cm，播后及时覆土镇压。一般采用等行距50 cm或60 cm种植，种植密度较高时可采用宽窄行方式种植（宽行60 cm或者70 cm，窄行30 cm或者40 cm）。

（3）需水肥量　玉米全生育期需水量在 3 700～4 700 m^3/hm^2，其中苗期占总需水量的 10%～20%，拔节、抽穗期占 50%～60%，生育期占 20%～30%。施磷肥 225～300 kg/hm^2、钾肥 150～225 kg/hm^2；追肥尿素（在拔节期 300～375 kg/hm^2，大喇叭期 375～450 kg/hm^2）。

（4）中心轴式喷灌机使用　根据玉米各生育期需水需肥量要求进行水肥一体化操作。开机前调试机器，确定所有部件正常无误，即可启动喷灌机。喷水时每圈喷水深度 150 m^3/hm^2，连续转 3 圈达到 450 m^3/hm^2；灌水时根据土壤墒情和玉米生育期而定。苗期适当早一些，抽穗期、灌浆期等需水关键期应及时灌水。喷灌施肥时注入肥液的浓度大约为灌水量的 0.1%（例如灌水量为 450 m^3/hm^2，注入肥液约为 450 L/hm^2）。

（5）喷灌机维护　灌溉结束后，应清除喷灌机上的泥沙及污物，排空管路和喷灌机内余水；喷灌机停放在便于看护、长度方向与当地主风向平行的位置，并且中心支轴应位于上风方向。

92 东北马铃薯膜下滴灌种植要点有哪些？

马铃薯膜下滴灌是地膜覆盖栽培技术和滴灌技术的有机结合，同时具有地膜覆盖和滴灌的优点，具有增温保墒、防除杂草等作用（图 6-1）。马铃薯膜下滴灌播种多采用垄作，行距 70～90 cm，采用双行播种机，将开沟、播种、覆土、铺滴灌管、覆膜一次性完成。

（1）播种　做到播种深浅一致、覆土厚度一致、下籽均匀、行垄匀直，无漏播和多籽现象。播深一般为 8～10 cm。黏土适当浅播，沙壤土要适当深播，但不能超过 12 cm。

（2）播后灌溉　播种后根据土壤墒情，进行滴灌，土壤湿润深度应控制在 15 cm 以内，否则降低地温而影响出苗，造成种薯腐烂。

（3）幼苗期至发棵期　此时段根据土壤墒情进行一次滴灌，使土壤湿润深度保持在 15 cm 左右，土壤相对湿度保持在 60%～65%。出苗后 20～25 d，块茎开始形成，应使土壤相对湿度保持在 65%～75%，土壤湿润深度为 20 cm。

（4）结薯期　块茎形成期至淀粉积累期应根据土壤墒情和天气情况及时进行灌溉。始终保持土壤湿润深度 40～50 cm，土壤水分状况为田间持水量的 75%～80%。

（5）终花期后　滴灌间隔的时间拉长，保持土壤湿润深度达 30 cm，土壤相对湿度保持在 65%～70%。较为黏重的土壤收获前 10～15 d 停水，沙性土壤收获前 7 d 停水，以确保土壤松软，便于收获。

图 6-1　马铃薯膜下滴灌

93 山地节水灌溉工程设计要考虑哪些因素？

山地田间节水灌溉一般采取滴灌或者微喷灌模式（图 6-2）。具体工程设计需要考虑水源条件、作物类型及其习惯种植模式、土壤条件、山地坡度、梯田宽度、相邻梯田或者控制区之间的落差等因素，此外，种植作物的经济效益以及群众自筹资金能力也是影响田间节水灌溉工程建设标准的重要因素。

（1）水源条件　降雨量少、取水成本高、蓄积雨水及利用山泉水困难的田块尽量设计滴灌模式，以最大限度节约用水、提高水的利用效率。

（2）种植作物类型及其习惯种植模式　多年生或者稀植作物一般沿等高线种植或者修建梯田种植，多数采用滴灌；但是需要改善田间小气候或者用于喷药的采用微喷灌；一年生密植作物为了机械耕作方便，通常习惯梯田种植或者顺坡种植，采用滴灌。

（3）土壤条件　土壤质地黏重的田块一般选用流量小的灌水器，一般要求滴灌管或者滴灌带滴头流量＜1.5 L/h、微喷头流量＜50 L/h；质地较轻的田块可以选择较大流量的灌水器。

（4）山地坡度　山地坡度对顺坡种植的灌溉工程影响更大。坡度小、田块短（如田块长度＜30 m，两端高度差＜1.5 m），支管可以铺在田块两端（即毛管可以顺坡灌溉也可以逆坡灌溉）。坡度较大（＞3°）、田块长，可以采取田块两端都铺设支管，毛管分别从两端支管向田块中间铺设，以减少毛管的长度及其进水口和末端的压力差，增加了支管用量；还可以选择压力补偿灌水器，并顺坡灌水。

（4）梯田宽度　虽然山地梯田比较平坦，但是田块之间以及田块与水源之间存在一定落差，因此建议主管垂直梯田方向铺设，支管沿梯田边沿铺设，梯田宽度不超过 40 m，也就是毛管铺设长度不超过 40 m，也可以通过选用压力补偿灌水器来增加毛管铺设的长度。

（5）相邻梯田或者控制区之间的落差　相邻控制区之间的落差超过 15 m，要采取减压措施，如安装减压阀。

种植经济效益比较低的作物一般安装简易的节水灌溉工程；种植经济效益比较高的作物，农户的自筹资金能力强，可选择安装自动化甚至智能化的节水灌溉工程或者水肥一体化工程。

图 6-2　山地水肥一体化

94 水稻水肥一体化模式操作要点有哪些？

以新疆天山北坡膜下滴灌水稻目标产量 9 000 kg/hm² 为例，具体实施要点如下：

（1）栽培措施

① 土地选择：宜选择土壤有机质含量 1.5%以上，碱解氮 50 mg/kg 以上，有效磷＞18 mg/kg 的中等以上肥力土壤，pH＜7.5。

② 水源选择：水稻喜温，宜选择河水（库水）或经太阳暴晒的井水作为滴灌水源。

③ 品种选择：要选择耐旱、耐盐、高产、优质、抗倒伏，苗期耐低温、分蘖成穗率高的水稻品种。

④ 水稻播种：当 5 cm 深地温稳定在 15 ℃以上即可播种，一般南疆 4 月上中旬，北疆 4 月中下旬。播种量按千粒重 25 g 计，播种量 120～150 kg/hm²。播种宜采用机械点播方式，播种深度 2.5～3 cm，覆土厚度为 1～1.5 cm，单穴下种粒数 8～12 粒。滴灌带、铺膜、播种、覆土一次完成，要求下种均匀，不重播、不漏播，播深一致，覆土良好，镇压夯实，播行端直、到头到边。

（2）株行距配置

① 模式一：采用 1.5 m 宽膜，一膜两管八行，播幅 1.65 m，

株距 10 cm，行距配置 10 cm+26 cm+10 cm+26 cm+10 cm+26 cm+10 cm+47 cm，滴灌带平均铺设于 8 行水稻间，间距为 72 cm，如图 6-3 所示。

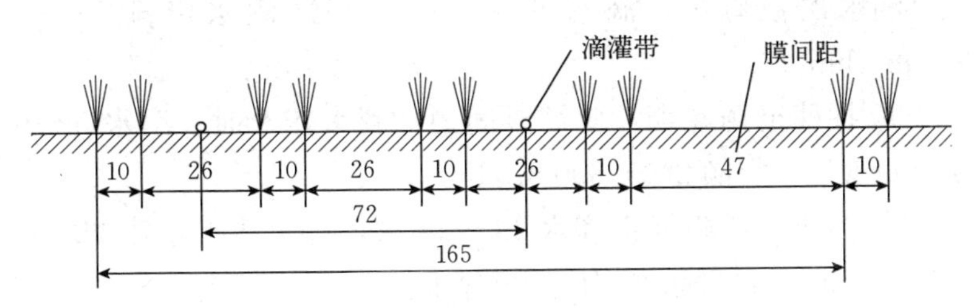

图 6-3 水稻膜下滴灌一膜两管八行株行距配置（cm）

② 模式二：采用 2.2 m 宽膜，一膜三管十二行，播幅 2.35 m，株距 10 cm，行距配置 10 cm+26 cm+10 cm+26 cm+10 cm+26 cm+10 cm+26 cm+10 cm+26 cm+10 cm+45 cm，滴灌带平均铺设于 12 行水稻间，间距为 72 cm，如图 6-4 所示。

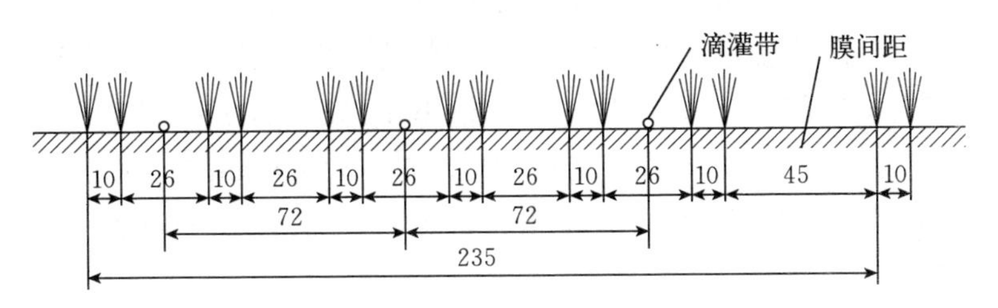

图 6-4 水稻膜下滴灌一膜三管十二行株行距配置（cm）

（3）灌溉管理

① 灌溉制度：不同区域、不同土壤质地的灌溉制度存在较大差异。一般情况下，水稻全生育期滴灌 38～45 次，灌水周期 3～4 d，灌溉定额 10 500～12 000 m^3/hm^2。

② 出苗至三叶期：水稻播种后及时滴出苗水，灌水 2～3 次，每次灌水定额 300～400 m^3/hm^2，苗期需水量小，减少滴水次数，保持膜内温度，促进根系发育。

③ 三叶至拔节期：营养生长关键时期，灌水 8～10 次，每次灌水定额为 270～300 m^3/hm^2。

④ 拔节至抽穗期：营养生长与生殖生长并进时期，需水量大，滴水次数频繁，滴水 9～10 次，每次灌水定额 270～300 m^3/hm^2。

⑤ 抽穗至扬花期：此期时间短，滴水需及时。滴水 5～6 次，每次灌水定额 240～300 m^3/hm^2。

⑥ 扬花至成熟期：滴水 14～16 次，每次灌水定额 225～240 m^3/hm^2，水稻蜡熟完成后可停水。

（4）施肥管理

① 总施肥量：纯氮 270～330 kg/hm^2、P_2O_5 95～120 kg/hm^2、K_2O 60～75 kg/hm^2、水溶性硅肥 25～30 kg/hm^2、硼肥 5～7.5 kg/hm^2、锌肥 4～6 kg/hm^2。

② 出苗至分蘖期：滴施 1～2 次，每次滴施纯氮 15～20 kg/hm^2、锌肥 2～3 kg/hm^2，促使水稻苗期生长。

③ 分蘖至拔节期：此时期是水稻营养生长关键时期，该时期可分 3 次随水施入纯氮 60～75 kg/hm^2、P_2O_5 30～40 kg/hm^2、K_2O 10～15 kg/hm^2、水溶性硅肥 25～30 kg/hm^2、硼肥 5～7.5 kg/hm^2和锌肥 2～3 kg/hm^2，促进水稻有效分蘖和养分储存。

④ 拔节至扬花期：营养生长和生殖生长都非常旺盛，滴肥 2～3次，施肥量为纯氮 60～75 kg/hm^2、P_2O_5 35～40 kg/hm^2、K_2O 25～30 kg/hm^2 和水溶性有机肥 120～150 kg/hm^2。

⑤ 扬花至成熟期：幼穗迅速生长，是穗粒数形成关键时期。该时期滴肥 3～4 次，施肥量为纯氮 50～60 kg/hm^2、P_2O_5 30～40 kg/hm^2、K_2O 25～30 kg/hm^2 和水溶性有机肥 120～150 kg/hm^2。

⑥ 肥料推荐：滴灌水肥一体化技术对肥料溶解度要求较高，

追肥的肥料品种可选择水不溶物<0.5%的滴灌专用肥，全水溶含氮46%的尿素、磷酸一铵、硫酸钾等肥料。选择滴灌专用肥应以磷肥用量为基础，不足的氮肥用单质氮肥尿素补足。

（5）中耕、除草、病虫害防治

① 中耕：全生育期免中耕或在三叶期进行一次中耕。达到疏松土壤、保持土壤水分、消灭杂草的目的。要求铲尖切开土壤，使之破碎并沿铲面升至分土板上，耕深可达15～20 cm，不压苗、不折苗。

② 除草：杂草防治采用化学和人工除杂草相结合方法，播前5 d喷施五氟磺草胺等除草剂1 200 g/hm²，土壤封闭化学除草，使杂草的危害降到最低。播种后15 d左右是杂草出现的第一个高峰，喷施除草剂五氟磺草胺900 g/hm²。

③ 病虫害防治：在新疆主要注意蓟马、地老虎、蚜虫等危害。另外，定期检查滴灌带，及时处理，防止堵塞，保证水稻正常需水，以防止生理青枯病。

滴灌水稻田间生长情况如图6-5所示。

图6-5　滴灌水稻田间生长情况

95 大棚番茄水肥一体化种植技术要点有哪些？

番茄喜肥，需肥量大。坐果前对氮肥需求量较大，坐果后对氮肥的需求量降低，对钾肥的需求量增加。

（1）供水供肥系统　每垄/行番茄铺设1条滴灌带，滴头间距30 cm，滴头流量2 L/h，滴灌工作压力约0.3 MPa；滴灌与配套的施肥器相连，追施的肥料宜采用水溶性肥料，肥料施用符合NY/T 496和NY 1107的要求。

（2）定植　早春茬番茄一般于2月中上旬定植，秋冬茬番茄一般于8月中上旬定植，定植苗要求株高18～22 cm，5～7片真叶，茎粗0.5 cm以上，节间短，无病虫害。采用大小行平栽种植，大行距0.8～1.0 m，小行距40 cm，株距30 cm。定植时要依据花序着生方向，实行定向栽苗，使花序着生部位处于操作行（宽行）。定植后，浇足缓苗水。

（3）田间管理　定植后10 d开始绑蔓，采用直立单干整枝，其余侧枝全部摘除。每穗结合蘸花/喷花选留5～6朵正常健壮的花蕾，其余花蕾全部疏掉。植株留5穗果进行摘心，摘心时一般在第5穗果上部留2～3片叶，以保障第5穗果正常的营养生长需要，同时还能防止强日照对果实造成灼伤。在晴天上午进行打杈，打杈时杈基部留1～2 cm高的桩，可有效预防病菌从伤口部位侵入主干。及时摘除病叶、黄叶和老叶。第一次摘叶在第一穗果刚开始转色时进行，重点把番茄植株基部1～2片叶摘除。第二次摘叶一般在第一穗果长大定型后进行，在第一穗果下方留1片叶，其下部全部摘除即可。

（4）肥水管理　苗期水溶肥氮磷钾比例为20-8-24，加适量中微量元素，每隔15 d随水滴灌150 kg/hm^2。坐果期水溶肥氮磷钾比例为15-8-24，加适量中微量元素，每隔15 d随水滴灌150～225 kg/hm^2。

（5）温湿度管理　一般白天在 25～28 ℃，最高不宜超过 30 ℃，夜间控制在 15～17 ℃，最低温度不宜低于 8 ℃。

（6）主要病害防治

① 物理防控技术。采用色板诱杀、防虫网隔离等物理防治技术。黄板大小为 25 cm×40 cm，均匀悬挂约 300 片/hm^2，悬挂高度超过植株顶部 15～20 cm，并随植株生长提高黄板位置。用防虫网封闭通风口。

② 化学防治技术。番茄叶霉病：选用 10%苯醚甲环唑（世高）水分散颗粒剂 1 500～2 000 倍液，或 40%福星乳油 6 000～8 000 倍液喷雾防治，每隔 7～10 d 喷 1 次，连续喷 2～3 次；番茄灰霉病：选用 250 g/L 嘧菌酯悬浮剂 1 500 倍液，或 10%苯醚甲环唑水分散粒剂 1 500～2 000 倍液进行喷雾防治，每隔 7～10 d 喷 1 次，连续喷 2～3 次。棚室内湿度大时，可选用 10%腐霉利烟剂熏棚；番茄病毒病：发病初期可用 20%吗胍·乙酸铜可湿性粉剂 500 倍液、1.5%的植病灵乳剂 1 000 倍液等药剂喷雾，每隔 7～10 d 喷 1 次，连续喷 2～3 次；番茄疫病：发病初期用 10%氰霜唑悬浮剂 1 000 倍液喷雾，或氟菌·霜霉威（银法利）悬浮剂 800～1 000 倍液喷雾，每隔 7～10 d 喷 1 次，连喷 2～3 次；蚜虫、白粉虱、斑潜蝇：可用 50%的吡蚜酮可湿性粉剂 150～225 g/hm^2，兑水 750 kg 喷雾，或 4.5%高效氯氰菊酯乳油 2 000 倍液，可兼治棉铃虫、甜菜夜蛾。

大棚番茄水肥一体化生产如图 6－6 所示。

图 6－6　大棚番茄水肥一体化生产

96 叶菜水肥一体化种植技术要点有哪些？

叶菜类蔬菜种类较多，大部分以食用鲜嫩的茎或叶为主，主要种类有白菜类、甘蓝类、绿叶菜类。叶菜类蔬菜一般生长迅速，生长期较短，对水分和养分的消耗量较大。主要种植模式有畦栽、垄栽等，根据种植模式选择适宜的水肥一体化技术（图 6－7），提高产量和经济效益。

图 6－7　大白菜、青花菜水肥一体化种植

绿叶菜种植一般做水肥一体化多采用平畦，地下水位较高、易涝地块采用高畦。绿叶菜类种植密度大，肥水需求量高。底肥施用农家有机肥 30～45 m^3/hm^2 或商品有机肥 3 000～3 750 kg/hm^2，过磷酸钙 375～450 kg/hm^2。绿叶菜长到 4～5 片真叶时，随水滴灌 2～3 次高氮水溶肥。

白菜类和甘蓝类可采用高垄＋水肥一体化栽培。底肥施用农家肥 30～45 m^3/hm^2 或商品有机肥 3 000～3 750 kg/hm^2，撒施复合肥 675～750 kg/hm^2、过磷酸钙 450～750 kg/hm^2，采用垄作，垄高 10～15 cm。定植株距约 40 cm，行距约 60 cm，定植后浇透定植水。整个生长期在施好底肥基础上，一般追 2～3 次肥。莲座期，分两次随滴灌追施氮磷钾（20－20－20）平衡型水溶肥 150 kg/hm^2；结球期，分两次随水冲施氮磷钾（16－6－36）高钾型水溶肥 150 kg/hm²，称“灌心肥”。进入结球期要保持土壤湿润，一般每隔 5～6 d 浇 1 次水，收获期前 8 d 停止浇水。

叶菜类主要病害有软腐病、黑腐病、霜霉病、病毒病，主要虫害有蚜虫、菜青虫等。软腐病和黑腐病发病初期选用新植霉素 4 000 倍液喷雾，或 47%的春雷·王铜可湿性粉剂 600～800 倍液于发病初期每隔 7～10 d 喷 1 次，连续喷 2～3 次。

97 如何解决干旱半干旱地区常年滴灌的土壤板结、返盐问题？

滴灌的灌水特点是高频少灌，只湿润作物根层，在高蒸发量的作用下，土体盐分容易向表层移动（图 6－8）；在缺乏足够的洗盐水量时，导致表层土壤返盐、板结现象加重。解决的措施主要有以下几点：

图 6－8　黏重土壤滴灌造成表层土壤盐分上移

（1）调整农业耕作方式　可以采用深耕（25 cm 以上）、客土抬高地面、微区改地等措施，一定程度上可以改善土壤表层结构，减轻土壤盐渍化状况；其次还可以通过覆膜、秸秆覆盖等措施有效抑制盐分在表层土壤的累积。

（2）调整灌溉方式　作物生育期适当增加灌水定额，可以有效增加脱盐效果；作物非生育期可以采用冬灌或者春灌方式，淋洗表层的土壤盐分；在地下水位比较高的地区，还可以配合暗管排水措施增加土壤排水和排盐量，减轻土壤返盐问题。

（3）土壤改良方式　增施有机肥，通过增加土壤有机质，提高土壤的透水透气性，减轻土壤板结和返盐问题；另外可以施用化学改良剂，改变土壤胶体吸附性离子的组成，从而改善土壤物理性质，如施用石灰、硫黄、腐植酸等。

98 怎样通过节水灌溉改善高温条件下果园小气候以免花蕾灼伤？

以新疆为例，新疆地处内陆干旱区，降雨稀少，蒸发量极大。部分果园在开花、幼果期常遇超高温、干旱天气，易出现“焦花”“灼伤果实”，从而引起产量下降，尤其是红枣和葡萄。红枣盛花期常与燥热天气重合，加之枣树花期长达 35 d 左右，易出现“焦花”而引起红枣坐果率低，最终导致减产。吐哈盆地的葡萄形成产量的关键果实膨大期在 6 月份，恰逢温度最高的时期，日最高温度可达到 45 ℃。当棚架下温度出现长时间高于 35 ℃就会引起果实灼伤，极端的气候条件，尤其干热风对葡萄产量造成极大的影响。果农常采用大水漫灌来降低温度，增加空气湿度，以免花果灼伤。这种落后的灌水方法导致灌溉水有效利用效率低，农田面源污染问题日益突出，同时加剧了当地水资源的供需矛盾，环境污染风险增大，使该地区特色林果产业可持续发展面临严峻挑战。

高温期喷水是生产实践中总结的一种保花保果技术，即利用弥雾机械在花期喷清水，达到提高坐果率，增加果品产量的目的，具有简单、易操作的特点，已成为我国北方地区果园微环境调控的主要方式之一。即微环境调控技术，它是利用某种设施或

方法对作物生长环境（光照、温度、湿度、CO_2 浓度等）进行调控，为作物生长提供适宜的环境，使其在最经济的生长空间内获得最高的产量、品质和经济效益的一种高效农业栽培技术。因此，新疆果园将微灌技术与高温期微喷弥雾技术一体化，在现有的果园滴灌系统上增加一套专门用于调控红枣花期冠层微环境的微喷弥雾系统，改变传统枣园地面灌或灌溉与花期喷水分开实施的方式，为高温期微喷的实施提供便利与可控性。

对于红枣，在已有的滴灌系统上增加一套专门用于花期弥雾的微喷系统（图 6－9），即在两行树中间增加一条用于微喷的支管，微喷头架设在两行树的中间，微喷头工作压力 0.3 MPa，额定流量 20～30 L/h，理论喷洒半径 1.5 m 左右。在盛花期时高温天气可在 12:00 和 16:00 分两段进行 0.5 h 左右的微喷灌。

对于葡萄，在原有的滴灌管网系统中的输水支管上安装 ϕ20 PE 毛管，悬挂在葡萄棚架下，安装倒挂的雾化喷头，在葡萄膨大期灌水周期内随滴灌一起开启，每次开启 5～6 h，用水量占滴灌灌水量的 20%左右，使葡萄棚架下的日最高温度显著降低 3～8 ℃，防止高温对葡萄的灼伤。

图 6－9　滴灌红枣增加了弥雾微喷系统

99 盐碱地节水灌溉技术要点有哪些？

盐碱地的灌溉首先需要安排的就是冲洗淋盐，将土壤中的盐分淋洗出去或压到土壤底层，以满足作物生长的需要（图 6-10）。在有条件的地区采用种稻洗盐，在不具备条件的地区则采用伏泡、冬春灌等方式洗盐。洗盐的效果与洗盐的时期、灌溉定额和技术等有关。针对不同作物和情况应该采取以下措施：①对于一年生行播作物，如棉花、瓜菜等，每年利用水源充足的季节，彻底洗盐一次；或播前采用地面灌压碱洗盐后播种，布设滴灌系统；也可在播种后利用滴灌系统（地表滴灌）本身，采用加大灌水量的办法进行淋洗。②对于多年生作物，如葡萄、啤酒花、果树等，可每隔几年淋洗一次。除有条件采用淹灌洗盐者外，可利用滴灌系统（地表滴灌）本身，采用加大灌水量的办法实现。③盐分积累的主要区域是湿润锋的位置。一场小雨能够将这些积盐淋洗到根系活动层，对作物造成严重伤害，为了将盐分淋洗到根区以外，降雨时应开启滴灌系统进行灌水，使可能的盐害减到最小。④对于特殊地区、特殊作物，如荒山绿化，土壤中盐分虽然多，由于林带行距较宽，降水又很少，采用地表滴灌并加大灌量，将盐分积聚在两行树的中间和根系层以下，无须再采用其他措施也是可行的。

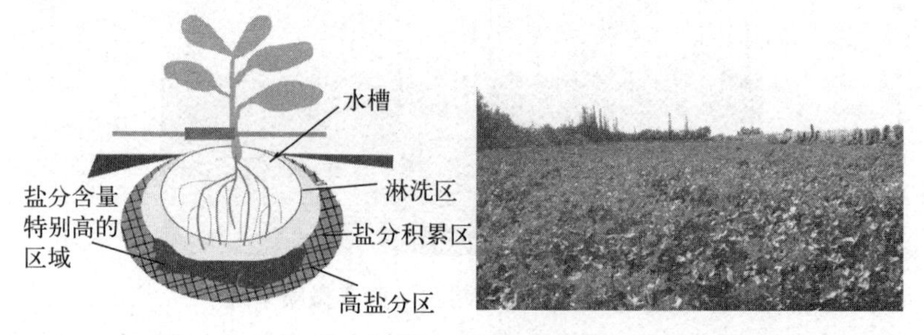

图 6-10　盐碱地滴灌棉花盐分运移示意图及成效图

第七章　公众参与的农业节水知识

100 我国节水管理的组织机构有哪些？

我国节水管理的组织机构有中华人民共和国水利部、水利部全国节约用水办公室、各省（直辖市、自治区）节约用水办公室。全国节约用水办公室分为以下三个处室：综合协调处、节水政策处、节水管理处。

全国节约用水办公室的职责是拟订节约用水政策、法规、制度，组织指导计划用水和节约用水工作。组织编制全国节约用水规划，指导拟订区域与行业节水规划，并协调实施。负责落实用水总量控制制度相关工作，组织实施用水效率控制制度，组织指导节水标准、用水定额的制定并监督实施。协调推进农业、工业、城镇等领域节水和重点区域节水，指导和推动节水型社会建设工作。承担节约用水工作部门协调机制的日常工作，推动实施国家节水行动。组织实施节水监督管理，承担节水考核有关工作，组织实行用水报告和重点用水单位监控。协调推动节水科技创新和成果转化，指导水效标识建设、合同节水管理、水效领跑和节水认证等工作。指导节水宣传教育工作，负责节水统计和信息发布。指导城市污水处理回用等非常规水源开发利用工作。

2018 年国家机构改革后，农田水利建设项目划归农业农村部管理，农业农村部种植业管理司则承担发展节水农业的相关工作，设有肥料与节水处。农业农村部直属事业单位全国农业技术推广服务中心下设节水农业技术处，负责全国旱作节水农业等重大技术推广。

101 节水管理的法律法规有哪些？

我国节水法律体系不断完善是提高我国农业节水水平发展的前提，正确认识我国水利法律知识有助于节水农业知识的科普。

（1）国家法律规定

①《中华人民共和国宪法》第一章总纲中第十四条规定：“国家厉行节约，反对浪费”。这里的“节约”二字，显然包括节水的内容。第九条规定：“国家保障自然资源的合理利用。禁止任何组织或者个人用任何手段侵占或者破坏自然资源”。这里的自然资源包括水资源。

②《中华人民共和国水法》把提高用水效率、强化节约用水放在突出位置，在多章节都提到了节水，这充分表明了节水的战略地位。

③《中华人民共和国农业法》第十九条重申了发展节水型农业。

④《中华人民共和国水土保持法》从保护和合理利用水土资源，减轻水、旱、风沙灾害角度对水土资源保护做了原则性的规定。

⑤《中华人民共和国清洁生产促进法》第十三条、第十六条、第二十三条、第二十四条，从服务性企业和建筑工程两方面对节水做出了原则性规定。

⑥《中华人民共和国循环经济促进法》从增强节水意识，使用节水产品、技术、工艺和设备，制定节水标准，配套建设节水设施，优先发展节水型农业，将节水等项目列入重点投资领域，加强节水管理等方面予以明确规定。

⑦ 另外，《中华人民共和国水污染防治法》《中华人民共和

国防洪法》《中华人民共和国长江保护法》等多项法律也对节水提出了要求。

（2）行政法规和法规性文件规定

①《农田水利条例》第三条规定：发展农田水利，坚持政府主导、科学规划、因地制宜、节水高效、建管并重的原则。

②《国家节水行动方案》把农业节水增效作为六大重点行动之一，从大力推进节水灌溉优化调整作物种植结构、推广畜牧渔业节水方式、加快推进农村生活节水四个方面提出行动措施。

③《国务院办公厅关于推进水价改革促进节约用水保护水资源的通知》从节水型水价机制、节水工程建设、节水技术推广、节水措施落实等方面提出明确要求。

④《取水许可和水资源费征收管理条例》从立法目的、节水义务、表彰和奖励、节水措施、发展节水型农业、节水投入等方面予以明确规定。

⑤《中华人民共和国抗旱条例》从节水改造、节水农业、节水教育、宣传节水抗旱知识、自觉节约用水等方面予以规定。

⑥《中共中央　国务院关于加快水利改革发展的决定》从节水新形势、水价形成机制、灌区节水改造、用水效率、节水考核、推进依法治水、提高节水意识等方面予以规定。

⑦《国务院关于实行最严格水资源管理制度的意见》从加快节水型社会建设、全面加强节约用水管理、节水“三同时”制度、加快推进节水技术改造、节水技术推广与应用、健全政策法规和社会监督机制等方面予以规定。

⑧《水效标识管理办法》从水效标识的实施、监督管理和罚则等方面予以规定。

另外，还有《计划用水管理办法》《黄河水量调度条例》《城市节约用水管理规定》《水量分配暂行办法》《水利工程供水价格管理办法》《地下水管理条例》等相关法律法规规定。

102 国家对农业生产节水灌溉设备有哪些相关政策或补贴？

为了加快农田水利发展，规范农田建设补助资金管理，相继出台以下相关政策：

（1）农业部于2016年4月制定了《推进水肥一体化实施方案（2016—2020年）》，方案中表示强化政策支持，与财政部、发改委、水利部、国土资源部等有关部门沟通协调，结合节水增粮行动、节水灌溉、高标准农田建设、地下水超采区综合治理等项目实施，整合资源，加大投入，强化技术支撑。

（2）国务院于2016年7月1日颁布《农田水利条例》，其中第三十三条规定，国家鼓励企业、农村集体经济组织、农民用水合作组织等单位和个人投资建设节水灌溉设施，采取财政补助等方式鼓励购买节水灌溉设备。

（3）财政部、税务总局、发改委、工业和信息化部、环境保护部下发的《关于印发节能节水和环境保护专用设备企业所得税优惠目录（2017年版）的通知》（财税〔2017〕71号），对企业购置并实际使用节能节水和环境保护专用设备享受企业所得税抵免优惠政策，其中《节能节水专用设备企业所得税优惠目录（2017年版）》包含滴灌设备类别，针对喷灌机和滴灌带（管），如符合目录标准即可按专用设备投资额的10%抵免当年企业所得税应纳税额。

（4）财政部会同农业农村部制定的《农田建设补助资金管理办法》于2019年5月16日实施，其中第九条规定，农田建设补助资金应当用于以下建设内容：土地平整，土壤改良，灌溉排水与节水设施，田间机耕道，农田防护与生态环境保持，农田输配电，损毁工程修复和农田建设相关的其他工程内容。第十二条规定，农田建设补助资金可以采取直接补助、贷款贴息、先建后补等支持方式。具体由省级财政部门协商同级农业农村主管部门确定。

以山东省为例，根据《2018—2020 年山东省农业机械购置补贴实施指导意见》，山东省农机购置补贴机具种类范围（2019 修订）中第 8 大类为排灌机械，又分为水泵、喷灌机械设备 2 个小类，潜水电泵、喷灌机、微灌设备、灌溉首部（含灌溉水增压设备、过滤设备、水质软化设备、灌溉施肥一体化设备以及营养液消毒设备等）4 个品目。

103 购买节水灌溉设备时怎样申请国家补贴？

由于各省份、各地区对于节水灌溉设备购买的规定并不完全统一，这里以北京市通州区 2019 年为例。

（1）申报主体　申报主体应为北京市工商部门正式登记注册的农业企业、农民专业合作社或村镇集体，且营业执照上生产经营范围明确标注蔬菜生产，农作物种植等相关内容。

（2）补贴标准　水肥一体化工程建设补贴标准：设施蔬菜非智能灌溉施肥模式补助标准为 45 000 元/hm^2，智能化灌溉施肥模式补贴标准为 75 000 元/hm^2；露地蔬菜非智能化灌溉施肥模式补贴标准为 22 500 元/hm^2，智能化灌溉施肥模式补贴标准为 45 000 元/hm^2；补贴均为一次性补贴。滴灌专用大量元素水溶肥料补贴标准：肥料养分含量在 50%以上，并含有适量中微量元素，肥料全水溶性，补贴标准为 7 500 元/hm^2。

（3）申报程序　符合申报条件的申报主体，向乡镇政府提出申请；乡镇政府审核通过后，报区级农业主管部门；区农业主管部门聘请专家对项目进行论证，对项目材料的完整性、真实性、合规性进行审核。通过论证的，建设单位按照论证反馈结果及时修改实施方案，修改后的实施方案加盖本单位及镇（乡）政府公章，报送至区农业主管部门备案，之后进行建设。项目建设完成后，由区农业主管部门组织验收工作。

104 为什么节水管理中要先进行水权分配？

水权包括水的所有权、使用权、经营权、转让权等。在我国，水的所有权属于国家，这里说的水权分配主要是指水的使用权。水权分配是指国家将水资源的使用权分配给公众，由某一个机构来代表公众获得并管理所分得水资源的使用权利。一般来说，水的使用权是按流域来划分的，比如黄河 580 亿 m^3 水资源中，有生态用水、冲沙用水、各省用水等，如宁夏分配了 40 亿 m^3、甘肃分配了 30 多亿 m^3。

水权管理是节水建设的具体途径。首先，明晰水权，建立两套指标体系：一套是水资源的宏观控制体系，一套是水资源的微观定额体系；通过指标体系明确各地区、行业、部门、企业、灌区各自可以使用的水资源量，同时规定每一项产品或工作的具体用水量要求，如炼 1 t 钢的用水定额等。其次，用水指标、定额确定后，就可以实行指标、定额管理：一方面超过指标、定额就要受到惩罚，做到节水的强制性；另一方面，水权可以有偿转让，超用、占用了他人的水权，就要付费；反之，出让水权，就应收益。

因此，建设节水型社会首先要明晰水权，确定水资源的宏观控制指标和微观定额指标，然后形成水权交易市场。通过水权分配及水权交易，在经济杠杆的作用下，买卖双方都会考虑节水，进而调动全社会节水的积极性；水资源的使用就会自动流向高效率、高效益的地方。

105 什么是水价和“两部制水价”？

水价由资源水价、工程水价和环境水价三部分构成。其中资源水价是使用天然水需要付出的代价；工程水价指的是水资源开发及生产供应应付出的成本和合理的利润所得；环境水价是遵循“谁污染谁付费、谁受益谁补偿”的原则，要求使用者因使用水资源而对水环境造成破坏支付的费用。

“两部制水价”是根据当前水利工程供水现状提出来的，既能保证水利工程正常运转，又能促进用户节约用水。发改委、水利部在2003年7月3日发布的《水利工程供水价格管理办法》（第4号令）中规定，水利工程供水应逐步推行基本水价和计量水价相结合的两部制水价。基本水价是按补偿供水直接工资、管理费用和50%的折旧费、修理费的原则制定。基本水费由多年平均年用水量乘以基本水价来核算，它反映的是水利工程单位向用水户应收取的最低费用，用来维持水利工程单位最基本的正常运转。计量水价按补偿基本水价以外的水资源费、材料费等其他成本费用以及计入规定利润和税金的原则核定。计量水费由实际供水量乘以计量水价而得到。它反映的是实际供水量的货币形式，实行的是多用水多交钱、少用水少交钱的基本原则，有利于用水户节约用水。

106 水价与节水的关系如何？

节水与水价的关系在于：

（1）科学、合理的水价是促进节约用水、减少水资源浪费的重要手段。

（2）合理的水价能够发挥价格杠杆作用，自动调节水资源供需关系，缓解水资源的供求矛盾。

（3）合理的水价能够促进水资源的优化配置以及社会经济的持续发展。

（4）科学合理的水价是培育水交易市场良性运行机制、促进水行业由供水管理向需水管理转变的必要手段。

（5）合理的水价是营造节水产品发展空间和建立良性节水机

制的基础条件。

（6）节水有利于水资源的节约，有利于降低用水成本，提高经济效益。

107 公众参与对节水管理的作用有哪些？

公众参与是指群众参与政府公共政策制定的权利，是把民主政治的思想贯穿到节水政策制定和实施的全过程，建立公开透明、公众参与的民主管理机制。公众参与节水，一是指公众在用水过程中获得节水信息，节约水资源，参与节水型社会的建设；二是指公众通过各种途径和方式对政府节水政策和项目的确立、实施和评估提出意见和建议，进行监督管理，保证决策的民主和科学，从而保障决策行之有效。如：水情咨询制度、水价听证制度、用水节水和水市场交易信息公布制度、群众有奖举报制度（举报违章浪费用水、窃水，反映用水跑、冒、滴、漏现象）以及其他充分体现公众知情权、参与决策权、监督权、舆论权的制度。同时还要建立公众参与有效性保障制度，保障公众参与的渠道畅通，提高参与效能：包括完善水资源利用的决策程序，重视信息交流、讲座、媒体广播、问卷调查等，以及加强公众节水知识和技术培训，提高参与者参与的能力和质量等。

公众参与对节水管理的作用表现在：

（1）公众参与节水管理能够使国家节水法律政策得到宽范围、深层次的落实，从而提高全民节水意识，形成良好的节水型社会氛围。

（2）公众参与节水管理，通过行使监督权、建议权等权利，从不同角度完善节水政策，促进节水管理水平的提高与强化。

（3）公众参与节水可以吸纳不同民众利益团体的观点，使政策得到民众的广泛支持，有助于树立全社会的节水意识，充分发挥公众的参与作用，使其由被动参与变为主动参与，在全社会形成节水文化，节水工作才能取得更大成效。

108 为什么要推行农民用水户协会？

农民用水户协会是以某一灌溉区域为范围，由农民自发组织起来的自我管理、自我服务的农村农业灌溉合作组织，属于具有法人资格，实行自主经营、独立核算、非营利性质的群众性社团组织。它由协会及协会下若干用水组（由若干用水户组成）组成的完整管水、用水组织系统，其最高权力机构是会员代表大会，协会执行委员会是会员代表大会的执行机构。

农民用水户协会的职责是以服务协会内农户为己任，谋求其管理的灌排设施发挥最大效益；组织用水户建设、改造和维护其管理的灌排工程，积极开展农田水利基本建设；与供水管理单位签订供用水合同；调解农户之间、农户与水管单位之间的用水矛盾；向用水户收取水费并按合同上缴给供水管理单位。简单地说，农民用水户协会就是农民自己的组织，由农民自己管理，为自己服务。

推行农民用水户协会：

（1）农民生产发展的需要　农民迫切希望能及时浇灌农田而不多交冤枉钱，实行农民用水户参与灌溉管理后，减少了中间环节，灌溉用水的供需双方直接见面。合作制明确了供用水双方的利益与责任，透明的水费收缴渠道，使农民用上“明白水”，交了“放心钱”。促进了农民节约用水，收到节支增收的效果。

（2）农村水利工程管理的需要　实行用水户参与灌溉管理，将工程的所有权、使用权、管理权和用水的决策权交给农民，调动了农民用水管水的积极性，保障了工程效益的发挥，解决了小型农田水利工程建设与管理主体缺位问题。

（3）水资源管理与合理配置的需要　我国水资源紧缺，要以水资源的可持续利用支持经济社会的可持续发展，就要建设节水型社会，而农业又是我国的用水大户，是节水型社会建设的重点领域。农民用水户协会的出现，使农民自己管理自己的事务，从而促使农民积极参与节约用水，节水潜力大。

（4）农村民主管理的方向　通过农民用水户协会这一桥梁，使农民群众对农村灌溉供水享有了高度的知情权、参与权、管理权和监督权，权利与义务对等，农民群众有了“当家作主”的地位，促进了农村基层民主政治建设，为构建社会主义和谐社会奠定良好的基础。

109 如何建立适合的节水激励机制？

建立适合的节水激励机制应做好以下工作：

（1）明晰水权　通过水权的确定、水权市场的建立和水权交易，发挥市场机制在水资源配置中的作用。要让用水户知道分配给他的初始用水使用权是多少、如何用好初始水权来提高自身效益，从而调动各方面的节水积极性，并使水资源的使用权可以依法进行有偿转让，把水资源配置到效益更高的地方，带来更多的收益，使节水成为管理者或用水者的一种内在动力。

（2）加快农业水价制度改革，培育水交易市场　完善水价制度，充分发挥市场的作用，可以提高人们的节水意识、激励节水技术进步和增加节水的投入。水价改革是建立水市场的基本问题，但是与非农业生产用水相比，农业用水效益太低，如果完全由市场来配置水资源，就会危及粮食安全及生态系统，所以水价的制定不能完全依赖市场，需遵循有利于保障粮食安全和生态与环境建设用水安全，又有利于调动管理者和用水户节水积极性的原则。

（3）依法建立节水的经济补偿和惩罚机制　在市场规则发生作用的领域，可以让水权以灵活价格流转，使合法的节水行为得到市场合理的回报。在市场机制失效的用水领域，政府可以制定相关法律规定，用法律的、行政的手段，根据节约或浪费水情况，给予经济补偿奖励或处罚，提高供水者和用水户的节水积极性。

（4）多渠道筹集精准补贴和节水奖励资金　统筹财政安排的水管单位公益性人员基本支出和工程公益性部分维修养护经费、农业灌排工程运行管理费、农田水利工程设施维修养护补助、调水费用补助、高扬程抽水电费补贴、有关农业奖补资金等，落实精准补贴和节水奖励资金来源。

110 如何建立末级渠系管理体制？

末级渠系工程是指支渠以下，斗渠、农渠固定渠道及其建筑物工程，是灌区效益的终端，也是灌区灌溉渠道的重要组成部分，对其进行管理和节约用水改造具有至关重要的作用。目前，末级渠系建设正在全国范围内积极开展，但我国各个地方的环境都存在较大差异，要想在末级渠系建设运行上取得较好的成绩，必须健全相关的机制，否则难以达到最终效果。具体应从以下几个方面入手：

（1）末级渠系管理过程中必须对灌区的职责进行明确划分，如果在这方面出现缺失，将会造成很不利的影响。一般而言，灌区的职责主要包括指导监督、提供信息服务和技术服务、针对资产保值进行监督等。

（2）末级渠系的项目必须坚持开展统一领导，管理模式应将专业管理与民主管理更好地融合在一起。在末级渠系的项目落成后要立刻开展资产评估分析，根据最终评估结果，将工程设施全部移交给具有独立法人资格的农民用水户协会管理。这样能够针对各自的权利、责任等做出积极的决策，避免造成末级渠系项目运行的问题。

（3）在末级渠系的建设管理体制中还应明确“用水户协会”的职责，既要将国家的各项规范标准有效落实，又要遵循各个地方实际情况，这样末级渠系的价值才能得到良好提升。

08 第八章 典型节水农业技术案例

案例一 鄂西高山番茄避雨栽培水肥一体化技术

一、技术背景

高山蔬菜是指种植在海拔高于800 m以上的山地蔬菜。高山区环境污染较小，空气和水质较好，夏季凉爽、温度适宜，可以生产出平原地区不易生产的天然反季节蔬菜。同时，山区可供流转的土地较多，适合规模化经营。湖北省目前大约有14.7万 hm^2 高山蔬菜，主要分布在鄂西山区，其中长阳县火烧坪镇是高山蔬菜的起源地，有国家最早建设的鄂西高山蔬菜试验站。

随着高山蔬菜产业的不断完善与发展，发展经济效益较高的果菜逐渐被农民认可。近些年高山番茄效益最好，面积增加最快。为了扩大高山番茄的适宜种植区（向高海拔区发展），同时增加高山番茄产量、减少病害、提高品质、改善外观商品属性，经过专家和技术人员多年的试验和示范，成功将避雨栽培技术应用于高山番茄种植，并迅速推广。避雨栽培是通过搭建简易避雨大棚（大棚顶部覆盖塑料薄膜，四周裸露，避雨通气）来改善棚内小环境，初夏提早种植、秋季延长采收，还能减少夏季大雨大风、秋季霜冻等对番茄种植的不利影响。高山区风大、土壤水分散失快，坡地、强降水容易导致水土流失，昼夜温差大、夜间低温霜冻可能直接伤害植物叶片和果实。覆膜不仅可以减少土壤水分的蒸发、使土壤水分更加均匀、防止水土流失，还有保温和调节土壤湿度的作用，因此，覆膜栽培已经成为高山蔬菜种植的必配农艺措施。此外，高山区坡地多数土壤瘠薄，蓄水、保肥、供肥能力差，番茄生长周期长，且后期果实不断采收需要多次补充养分。因此，膜下滴灌施肥是高山番茄避雨栽培比较便捷的灌溉、追肥方式。华中农业大学资源与环境学院郭再华团队在对鄂西高山番茄进行充分调研的基础上，在湖北高山蔬菜主产区长阳县进行田间试验、示范和推广（图 8－1 至图 8－3），不仅节水、节肥效果明显，

图 8－1　高山蔬菜避雨栽培示意图

图 8－2　高山番茄膜下滴灌栽培示意图

图 8－3　高山蔬菜区集雨设施示意图

而且对番茄提早上市和缩短高海拔区番茄末采期效果明显。

二、鄂西高山番茄避雨栽培水肥一体化的技术要点

（1）地块选择　选择排水良好、土层厚度 20 cm 以上的地块，不宜选择冷浸田或低洼地。

（2）栽培季节　高山番茄的播种期随海拔不同而有所差异。海拔 800～1 200 m 适宜 2 月中旬至 3 月上旬播种、6 月下旬至 9 月上旬采收，也可以 5 月中旬至 6 月上旬播种、9 月底至 11 月底采收；海拔 1 200～1 500 m 适宜 3 月中下旬至 5 月中上旬播种，7 月下旬至 10 月中旬采收；海拔 1 500～1 600 m 适宜 4 月中上旬播种，8 月中旬至 10 月中旬采收。

（3）品种选择　高山番茄应选择抗病性好、产量高、耐贮运、果形圆正、果脐小、口感较好的品种。粉果怕冷风吹，一般适宜较低海拔地区；高海拔区一般选择种植红果。

（4）整地、施基肥　鄂西高山区土壤普遍酸性较强、质地黏重，番茄地要尽量深翻，移苗前 20 d 以上，撒施生石灰 750～1 125 kg/hm^2 翻耕。7 d 后顺坡整地开厢，标准棚宽 8 m，两边各留 20～30 cm，避免棚架对番茄后期生长的影响，棚内开 5 厢，厢中间开沟施底肥，一般施用腐熟农家肥 15 000～22 500 kg/hm^2 或者商品有机肥 3 000～4 500 kg/hm^2、45%～51%不含氯的三元平衡复合肥料 375～525 kg/hm^2、硼砂 15 kg/hm^2。然后整地起垄，沟宽 40～50 cm，沟深 15～20 cm，垄面宽 60～70 cm、呈半龟背状。

（5）覆膜、定植　待下雨至垄上 15～25 cm 土层吸水达到田间持水量的大约 90%时进行棚顶盖膜，在每垄中间铺设一行流量约 1.5 L/h（小缓坡、土壤比较疏松的地块流量可以 2.0 L/h）、滴孔间距 30 cm 的滴灌带，滴孔朝上，进水口一端与支管连接，尾部折叠套管密封或者直接打结密封。垄面采用约 100 cm 宽、

0.01 mm 厚的黑色或者白色地膜覆盖，两边用土压实。番茄幼苗长到 6～7 片叶时开始定植，定植前对幼苗进行消毒，每垄双行种植。单蔓整枝时，双行植株成三角形错开种植，株距 40～45 cm、行距 40～50 cm，种植 27 000～33 000 株/hm^2；双蔓整枝时，双行植株相对种植，株距 50～55 cm、行距 40～50 cm，种植 24 000～27 000 株/hm^2。

（6）膜下灌溉追肥　为了整地、起垄等农事活动方便，山地蔬菜通常顺坡种植。因此，高山番茄田间膜下滴灌工程的设计以及滴灌带的选择和铺设均遵循山地（坡地）节水灌溉工程的原则。

水分管理：根据墒情，番茄定植后 1～2 d 滴少量定苗水，之后在苗定植后第 20～25 天开始，每 6～7 d 灌溉一次，前三次每个控制区灌水大约 2 h，之后每次灌水约 3 h。

追肥：番茄定植后 30 d 左右追第一次肥，之后每穗果膨大期追一次肥，一般留 6 穗果，共追肥 7 次，肥料均选用不含氯的水溶性肥料。第一次追高氮低磷中钾肥，第一穗果膨大期追高氮低磷高钾肥，之后都追低氮低磷高钾肥。亩*（667 m^2）产大约 6 t 的高山番茄 N、P_2O_5、K_2O 的亩投入量约为 18～21 kg、13～15 kg和 30～33 kg，基肥和 7 次追肥的氮投入比例分别为 20%～25%、15%～20%、15%、10%、10%、10%、10%和 5%，磷的投入比例分别为 25%～30%、15%～20%、10%、10%、10%、10%、10%和 5%，钾的投入比例分别为 10%～15%、10%、10%、15%、15%、15%、10%～15%和 10%。如果地块土层深厚、肥沃，可以适当增加目标产量，每增加 1 t 番茄产量氮、磷、钾的投入分别增加大约 2 kg、1.5 kg 和 3 kg。追肥通过水肥一体化形式实现，每次灌溉施肥时先用 2/5 的时间灌水，之后在灌水的同时完成施肥，最后用大约 30 min 灌水清洗管道，

* 亩为非法定计量单位，1 亩＝1/15 hm^2。——编者注

如果控制区离施肥首部较远，可以适当延长管道清洗时间。比如：前三次每次灌溉施肥的总时间约 2 h，那么先灌水约 50 min，之后 40～45 min，在灌溉的同时完成施肥，最后再灌水 25～30 min 将管道清洗干净。灌溉施肥时，先根据控制区的面积以及单位面积需要补充的养分计算需肥量，再将选用的水溶肥溶解到施肥容器并搅拌均匀，之后通过施肥机、注肥泵或者施肥器注入主管道，随水带到根系周围。

三、应用效果

（1）推荐的高山番茄避雨栽培水肥一体化技术比农户习惯滴灌施肥技术节约基肥用量 50%以上，追肥配比更合理；每次灌溉节约用水 20%以上，节约的水蓄积起来可应对 8 月份立秋之后经常出现的季节性干旱天气。

（2）与农户习惯过量滴灌、大量施基肥（图 8-4、图 8-5）

图 8-4　大量施底肥导致肥害或徒长

处理相比，推荐避雨栽培水肥一体化技术（图 8 - 6）的初花期提前 5～7 d、果实初采期提前 7～10 d、成熟期提前大约 15 d、成熟期青果率降低 50.7%。

图 8 - 5　水肥一体化（大水大肥导致番茄病害）

图 8 - 6　推荐水肥一体化（少量多次，叶片正常，果形好，大小适中，成熟快）

（3）与农民习惯滴灌施肥相比，推荐避雨栽培水肥一体化技术的番茄商品产量增加 11.3%；番茄的维生素 C、番茄红素和糖酸比分别增加 24.5%、14.1%和 30.7%，而硝酸盐含量降低 27.6%。

（4）与农民习惯滴灌施肥相比，推荐避雨栽培水肥一体化技术 0～10 cm 和 10～20 cm 土层的硝态氮分别降低 35.8%和 20.9%、电导率分别降低 8.45%和 9.71%，而 pH 分别提升 0.45 和 0.67，更有利于耕地可持续利用。

案例二　日光温室番茄节水施肥技术

一、基本情况

该技术应用于山东省寿光市，供试番茄一年两季，每年 1 月定植到当年 6 月拉秧为冬春季，8 月定植至翌年 2 月拉秧为秋冬季。品种根据农户实际情况，选择大果番茄。为了更准确地评价养分淋溶损失数量，在田间埋设了淋溶液收集装置。灌溉施肥模式包括滴灌施肥（图 8－7）和畦灌冲肥（图 8－8）两种。其中滴灌施肥模式中采用电动注肥泵的方式进行加肥。滴灌管流量 2 L/h，间距 20 cm，滴灌模式采用起垄栽培，一垄双行双管的模式。

图 8－7　番茄滴灌施肥

图 8－8　番茄畦灌冲肥

二、水肥投入情况

基肥施用 20 t/hm² 鸡粪、复合肥（15－15－15）1 000 kg/hm²、磷酸二铵 500 kg/hm²。生长期间追肥采用平衡型水溶肥和高钾型水溶肥。滴灌模式年灌水量为 8 780 m³/hm²、漫灌模式为12 050 m³/hm²，滴灌模式和漫灌模式全年氮磷钾总投入量（$N+P_2O_5+K_2O$）分别为 2 962 kg/hm²、5 344 kg/hm²（表 8－1）。

表 8-1　冬春季和秋冬季灌水与追肥情况

生长季	日期	灌水量（mm）		肥料选择与用量（kg/hm²）	
		滴灌模式	漫灌模式	滴灌模式	漫灌模式
冬春季	2月21日	75	75	—	—
	3月1日	50	75	—	—
	3月8日	40	60	—	—
	3月17日	30	40	平衡型 150	平衡型 300
	3月31日	30	45	平衡型 150	平衡型 300
	4月7日	30	45	高钾型 200	高钾型 300
	4月13日	30	45	高钾型 200	高钾型 300
	4月19日	30	45	高钾型 200	高钾型 300
	5月3日	30	40	高钾型 200	高钾型 300
	5月12日	30	40	高钾型 200	高钾型 300
	5月22日	30	40	高钾型 200	高钾型 300
	6月2日	30	40		
	总计	435	590		
秋冬季	8月18日至9月16日	256	250		
	9月20日	19	50	平衡型 150	平衡型 300
	9月26日	23	45	平衡型 150	平衡型 300
	10月1日	19	45	平衡型 150	平衡型 300
	10月7日	25	45	高钾型 200	高钾型 300
	10月18日	20	45	高钾型 200	高钾型 300
	10月29日	17	45	高钾型 200	高钾型 300
	11月13日	21	45	高钾型 200	高钾型 300
	11月23日	21	0	高钾型 200	
	12月1日	0	45		高钾型 300
	12月7日	21	0		
	总计	443	615		

注：$N-P_2O_5-K_2O$ 冬春季和秋冬季平衡型配方为 20-20-20，高钾型配方冬春季为 16-4-40、秋冬季为 16-8-34。

三、番茄产量与氮素利用率

冬春季和秋冬季番茄产量分别为 105.8～127.4 t/hm^2 和 70.6～95.9 t/hm^2（表 8-2）。相对于漫灌模式，滴灌使冬春季和秋冬季番茄平均增产 11.4%和 21.8%（$P<0.05$）。

冬春季和秋冬季设施番茄平均氮素吸收量分别为 293.1 kg/hm^2 和 275.9 kg/hm^2（表 8-3）。与漫灌相比，滴灌模式下两季番茄氮吸收量分别增加 30.5 kg/hm^2 和 69.7 kg/hm^2，增幅分别为 11.6%和 33.8%（$P<0.05$）。冬春季和秋冬季番茄氮素利用率分别为 27.1%～42.6%和 19.3%～39.9%，平均分别为 33.7%和 29.4%（表 8-3），滴灌模式显著提高氮肥利用率，冬春季和秋冬季分别增加 10.0 个百分点和 14.2 个百分点。

表 8-2　灌溉施肥处理对番茄产量的影响

生长季	滴灌模式（t/hm^2）	漫灌模式（t/hm^2）	平均（t/hm^2）
冬春季	124.1 A	111.4 B	117.8
秋冬季	92.1 A	75.7 B	83.9

注：不同字母表示处理间差异显著（$P<0.05$）。

表 8-3　番茄平均氮素吸收量及利用率

生长季	氮素吸收量（kg/hm^2）			氮肥利用率（%）		
	滴灌模式	漫灌模式	平均	滴灌模式	漫灌模式	平均
冬春季	293.1 A	262.6 B	277.9	38.7 A	28.7 B	33.7
秋冬季	275.9 A	206.2 B	241.1	36.5 A	22.3 B	29.4

注：不同字母表示处理间差异显著（$P<0.05$）。

四、氮素淋溶损失

设施蔬菜种植体系下，淋溶损失是氮素的主要损失途径。传统漫灌施肥模式下，冬春季和秋冬季可溶性总氮淋溶损失量分别为 98.9～122.4 kg/hm² 和 242.8～336.4 kg/hm²，分别占单季总施氮量的 10.1%～14.2%和 24.7%～34.9%，平均分别为 12.5%和 29.3%（表 8-4）。与传统漫灌相比，滴灌使秋冬季可溶性总氮淋失量降低 144.5 kg/hm²，降幅达 46.3%；可溶性总氮淋失率下降 8 个百分点（$P<0.05$）。

表 8-4　氮素淋溶损失数量及其占施氮量的百分比

生长季	氮素淋失量（kg/hm²）			氮淋失率（%）		
	滴灌模式	漫灌模式	平均	滴灌模式	漫灌模式	平均
冬春季	127.4 A	114.3 B	120.9	16.9 A	12.5 B	14.7
秋冬季	167.3 B	281.1 A	224.2	21.3 B	29.3 A	25.3

注：不同字母表示处理间差异显著（$P<0.05$）。

案例三　华北平原云灌溉应用技术

一、技术背景

（1）技术实施单位基本情况　河南平安种业公司是一家集小麦、玉米新品种育、繁、推一体化的民营高科技企业，是河南省农业产业化重点龙头企业，是中国科学院、中国农业科学院、河南农业大学、国家小麦工程技术中心和河南省农业科学院育种紧密合作单位，是中原经济区小麦玉米两熟高产高效协同创新中心协同单位。

（2）区域自然和社会经济情况　技术实施区属暖温带大陆性季风气候，四季分明，光照充足，土地肥沃，年平均气温 14～15 ℃，年积温 4 500 ℃以上，年日照 2 484 h，年降水量 550～700 mm，无霜期 210 d。

技术实施区内地势平坦，属黄河、沁河冲积平原，是黄河以北第一个亩产吨粮区、小麦亩产千斤区、国家商品粮生产基地，先后被评为“国家粮食生产核心区高产巩固区”“河南省优质中筋小麦适宜区”“全国粮食生产先进县”“河南省粮食生产先进县”“全国粮食高产创建整建制推进示范区”。

二、云灌溉设计思路

云灌溉是基于现代农业和节水灌溉的自动化控制技术，利用大数据、云计算、物联网、智能感知技术，对作物用水统一调控，实现作物定时、定量的精准灌溉，同时辅以土壤墒情监测和气象信息监测，实现了节水功效。云灌溉系统组成示意图见图8－9。

（1）主机可以实时显示采集数据，包括：风速、风向、空气温度、空气湿度、降雨量等要素。

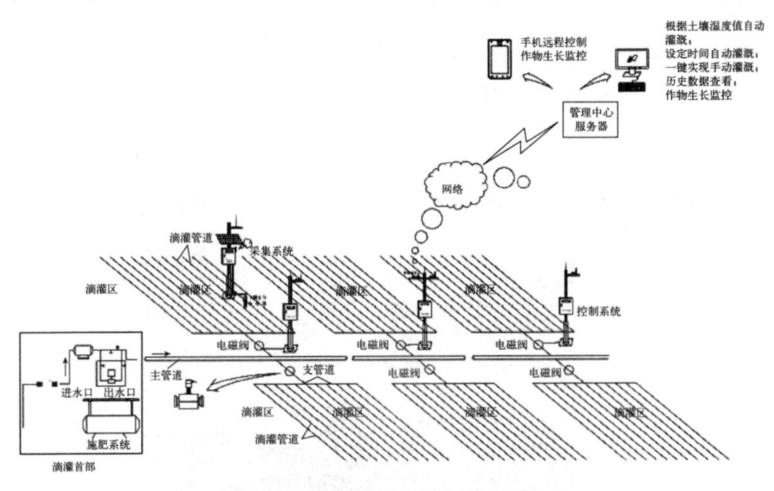

图 8-9　云灌溉系统组成示意图

（2）网络模式，可以自建无线远传网络，也可以用移动联通的网络。

（3）可通过主机设置设备时间，储存间隔时间，发送间隔时间，手机开启模式，清空累计雨量等。

（4）无须指定设备查看数据，任何可上网电脑或者任何支持微信小程序的手机、平板电脑等移动终端，在 Rainet 云气象平台或者农业农村部全国墒情监测网站中查看数据和曲线图，曲线和数据都可下载到本地电脑中进行存储和分析，且在云服务器中永久存储。

（5）支持 220 V 交流电或太阳能供电方式。

三、云灌溉具体实施方式

围绕滴灌水肥一体化集成技术示范推广，集成应用了测土配方施肥、测墒灌溉和水肥同步管理高效利用技术体系，实现水肥利用率双提高。集成了基于物联网系统的墒情自动监测和灌溉施肥远程自动控制系统，形成了适合当地条件的水肥一体化智能管理模式（图 8－10 至图 8－12），为水肥一体化技术在经济作物上进一步推广应用提供了样板。

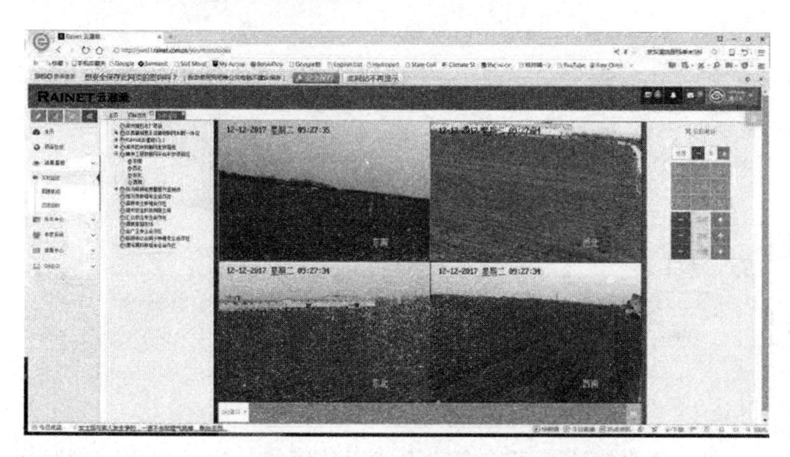

图 8－10　云灌溉电脑端软件界面

图 8－11　云灌溉田间气象站　图 8－12　云灌溉田间水肥一体化首部系统

四、效益分析

通过技术实施，达到了节水、省肥、增产、增效的目的。其中：冬小麦节水 35.4%，节肥 25%，增产 23.2%；夏玉米节水

34%，节肥 23%，增产 21.6%。同时也减轻了农业面源污染，产生了良好的经济、社会、生态效益，为今后区域绿色、环保、节水农业发展起到了一定的示范推动作用。

案例四　河套灌区蜜瓜起垄覆膜沟灌技术

一、定义

起垄覆膜沟灌：一种将地面修整成垄台、垄沟后，将地膜平铺于种植作物的垄台上，灌溉时由输水沟或毛渠将灌溉水引入田间垄沟侧渗到作物根系的节水灌溉技术（图 8－13）。

图 8－13　蜜瓜起垄覆膜沟灌

二、起垄规格

使用专用机具一次完成开沟、起垄、覆膜等工序，垄和垄沟宽窄要均匀，垄脊高低一致。垄台宽 90 cm，垄沟上宽 50 cm，下宽 35 cm，沟深 30 cm，在垄台上覆盖幅宽 140 cm、厚度 0.01 mm 以上的地膜。垄及灌水沟规格示意图如图 8－14 所示。

输水渠道有纵向布置和横向布置两种形式，纵向布置适用于沟底坡降＞1/400 的地形；横向布置适用于沟底坡降＜1/400 的地形。灌水时可由毛渠直接引水至输水渠，或利用移动水泵引水，流量控制在 5 L/s 左右，同时开 4～6 条沟为宜；当灌水量达到灌水定额即可停灌，水深通常不超过沟深 2/3（表 8－5）。

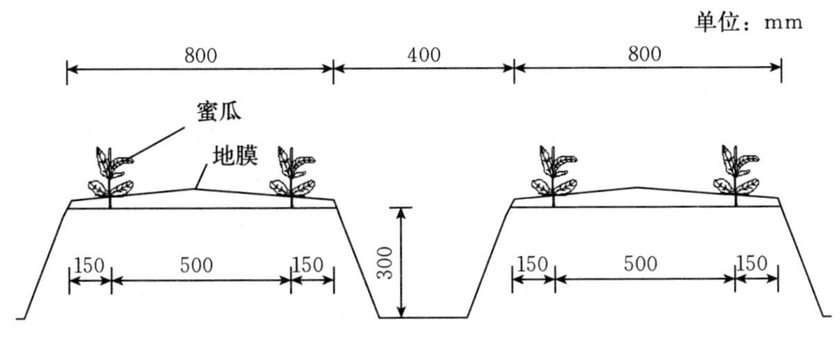

图 8-14　垄及灌水沟规格示意图

表 8-5　河套蜜瓜起垄覆膜沟灌技术要素

土壤透水性（m/h）	沟底坡降	沟长（m）	入沟流量（L/s）
强（>0.15）	>1/200	50～100	0.7～1.0
	1/200～1/500	40～60	0.7～1.0
	<1/500	30～40	1.0～1.5
中（0.10～0.15）	>1/200	70～100	0.4～0.6
	1/200～1/500	60～90	0.6～0.8
	<1/500	40～80	0.6～1.0
弱（<0.10）	>1/200	90～150	0.2～0.4
	1/200～1/500	80～100	0.3～0.5
	<1/500	60～80	0.4～0.6

三、种植技术

（1）地块选择　选择土层深厚，土壤 pH 7.0～8.0，含盐量在 0.4%以下，有机质含量 1%以上的壤土或沙壤土，与非葫芦科作物实行 5 年以上轮作。

（2）整地　当年秋季作物收获后深翻耕 30 cm 以上，于翌年春季土壤解冻后及时耙、耱，整平地面，达到“齐、平、松、碎、净、墒”的六字标准。

（3）播种　地膜种植应掌握在 10 cm 土层地温稳定在 15 ℃以上时播种为宜，具体以当地晚霜冻过后出苗为准。一般早熟栽培播种期应在 4 月 15 日至 20 日，中晚熟栽培播种期可从 5 月初持续到 6 月初。在覆膜垄台上一膜种植两行，膜上小行距 60 cm，膜与膜间的大行距 80 cm，株距 50 cm，留苗 28 500～30 000株/hm^2。

在垄上距垄边缘 15 cm 处开穴点播，每穴播 2～3 粒种子，播深不超过 3 cm。晚熟栽培应先覆膜，后播种；早熟栽培应先挖 10 cm 深的播种穴，将种子播在穴底并覆土，覆土后距地膜间应保持 3～5 cm 空间，以防地膜烧苗。

（4）灌水管理　蜜瓜播种前需灌水补墒，灌水定额一般为 1 200 m^3/hm^2，如果是盐碱地，考虑压盐，灌水定额可增大到1 500 m^3/hm^2。

整个生育期的灌水次数一般为 2～3 次，幼苗期一般不灌水，四叶期到伸蔓期灌第一水，灌水定额宜为 825～900 m^3/hm^2，开花期到瓜膨大期（瓜直径 6～8 cm）灌第二水，灌水定额宜为 600～750 m^3/hm^2（表 8-6）。

（5）施肥管理

①基肥：结合秋翻，施腐熟有机肥 45 000 kg/hm^2，耕翻后浇水保墒，或结合整地深施氮磷钾复合肥 750～900 kg/hm^2。②种肥：结合播种集中深施磷酸二铵 450 kg/hm^2、尿素 75 kg/hm^2、复合肥 150 kg/hm^2，或混合集中深施磷酸二铵和尿素 750 kg/hm^2。③追肥：在伸蔓期和瓜膨大期结合灌水，追施硫酸钾 75 kg/hm^2、尿素 150 kg/hm^2。④叶面喷肥：蜜瓜 6～7 叶时，结合病虫防治喷一次 0.2%～0.3%尿素，坐瓜后结合防病再喷 2～3 次 0.2%～0.3%磷酸二氢钾等叶面肥，每次喷施间

隔 7～10 d，花期禁止叶面喷施。

表 8-6　河套蜜瓜起垄覆膜沟灌灌溉制度参考

灌水次数	灌水时间	灌水定额（m^3/hm^2）	备注
1	播种前	1 200～1 500	补墒压盐
2	四叶片（拉蔓）	825～900	生育期补水
3	开花（挂果）	600～750	

案例五　北疆棉花滴灌水肥一体化技术

一、适用范围

本技术适用于新疆棉花膜下滴灌水肥一体化的灌溉与施肥管理。

二、主要技术

（1）品种选择　根据新疆各地区的气候和土壤条件等，选择生育期适宜（北疆 120 d、南疆 130 d）、丰产潜力大、抗逆性强的品种。棉种纯度达到 97%以上，净度 99%以上，棉种发芽率 93%以上，健籽率 95%以上，含水率 12%以下，破碎率 3%以下。机采棉优先选择第一果枝节位较高、对脱叶剂敏感、吐絮集中的品种。

（2）播前整地和化学除草　播前整地，包括耕、耙、压。做到表土疏松，上虚下实，土地平整，无残茬，耙前 33%二甲戊灵 150～200 ml 表土喷雾，化学除草。

（3）播种要求　开春后 5 cm 表土层地温连续 3 d 稳定在 12 ℃，且离终霜期≤7 d 时即可开播。播深 1.5～2.5 cm，覆土宽度 5～7 cm、厚度 0.5～1 cm。要求播行要直，镇压严实，一穴一粒，精量播种。

（4）滴灌管网布置

① 滴灌系统布置要求干、支、毛三级管道相互垂直，使管道长度和水头损失最小。干管长度 1 000 m 左右；支管垂直于种植方向，长度 90～120 m，间距 130～150 m；毛管直接连接于支管上。②毛管铺设平行于棉花种植方向，设置于窄行中间。毛管布设长度一般在 50～100 m，可采用单翼迷宫式、内镶式滴灌带（管）。根据不同的土壤质地选择滴灌带，流量在 1.8～2.8 L/h 之间。

（5）生育期进程　播种期（4月中旬至4月下旬），苗期—蕾期（5月上旬至6月上旬），蕾期—初花期（6月上旬至6月下旬），初花期—盛花期（7月上旬至7月中旬），盛花期—结铃期（7月下旬至8月上旬），盛铃期—吐絮期（8月上旬至8月下旬），吐絮期（8月上旬）。

（6）栽培模式　采用宽膜标准机采棉模式，每幅膜上播6行，行距10 cm＋66 cm＋10 cm＋66 cm＋10 cm＋66 cm＋10 cm，株距9～11 cm，理论播种株数25.5万株/hm²，收获株数16.5万～18万株/hm²，目标产量5 250～6 000 kg/hm²籽棉。

三、灌溉制度

根据土壤墒情和棉田长势灌溉（表8－7），滴水周期7 d，每次滴水300～450 m³/hm²，滴水标准为膜下全部湿润、湿润深度60 cm。苗期土壤水分下限控制在田间持水量的50%～70%，蕾期60%～80%，花铃期65%～85%，吐絮期55%～75%。

（1）播种至出苗期　播种期在4月中上旬，干播湿出，根据天气情况适时滴水出苗，灌水定额150～225 m³/hm²。

（2）苗期至蕾期　4月中下旬至6月中上旬，以蹲苗为主，现行后适时中耕1次，提升地温、中耕除草。

（3）蕾期至初花期　6月中上旬至7月上旬，灌水总量为1 050～1 350 m³/hm²，滴水3次，灌水周期8～10 d，灌水定额为375～450 m³/hm²。

（4）盛花期至盛铃期　7月中旬至8月上旬，灌水总量为2 250～2 700 m³/hm²，通常滴水5次，灌水周期7～8 d，灌水定额为450～525 m³/hm²。

（5）盛铃期至吐絮期　8月中旬至8月下旬，灌水总量为675～825 m³/hm²，通常滴水2次，灌水周期8～10 d，灌水定额为300～375 m³/hm²。

表 8-7　棉花滴灌水肥一体化灌溉方案

生育时期	灌水时间（月．日）	灌水量（m^3/hm^2）	次数
出苗水	4.10	150	1
蕾期至初花期	6.15	375	1
	6.25	375	1
初花期至盛花期	7.05	375	1
	7.12	450	1
盛花期至盛铃期	7.19	450	1
	7.26	450	1
	8.03	450	1
盛铃期至吐絮期	8.10	450	1
	8.17	375	1
	8.25	300	1
吐絮期	9.10		1
合计		4 200	11

注：当地具体的灌溉时间应根据土壤墒情而定，灌溉水量在表中数据的基础上浮动。

四、施肥制度

根据棉花需肥规律、土壤肥力、目标产量、生长状况等要素来确定棉田施肥量、施肥时期和养分配比等施肥方法。坚持少量多次、蕾期稳施、花铃期重施的原则，全生育期随水施肥 8～10 次，并补充中量及锌、硼、锰等微量元素。

（1）土壤肥力等级确定　棉田土壤肥力等级按照土壤碱解氮、有效磷及速效钾等含量确定，见表 8-8。

表 8-8　土壤肥力分级

土壤肥力等级	高肥力	中肥力	低肥力
碱解氮（mg/kg）	＞100	40～100	＜40
有效磷（mg/kg）	＞20	6～20	＜6
速效钾（mg/kg）	＞180	90～180	＜90

（2）施肥量推荐　根据土壤肥力高低进行施肥量推荐，见表 8-9。

表 8-9　棉花滴灌水肥一体化氮、磷、钾施肥量推荐（kg/hm^2）

肥力等级		高	中	低
推荐施肥量	N	240～270	270～300	300～330
	P_2O_5	90～105	105～120	120～135
	K_2O	30～45	45～60	60～75
$N:P_2O_5:K_2O$		1∶0.30～0.40∶0.15～0.25		
目标产量（籽棉）		5 250～6 750		

（3）施肥方法　结合目标产量、土壤肥力等级及棉花长势确定棉田施肥量，与灌水统筹同步进行水肥一体化施肥，施肥方法见表 8-10。

表 8-10　棉花水肥一体化优化施肥方案

施肥比例	蕾期至初花		初花至盛花		盛花至盛铃		盛铃至吐絮			吐絮		合计
灌水时间（月．日）	6.15	6.25	7.05	7.12	7.19	7.26	8.03	8.10	8.17	8.25	9.10	
氮肥（%）	5	10	15	15	15	15	10	10	5			100
磷肥（%）	5	5	10	15	15	15	15	15	5			100
钾肥（%）	0	0	10	10	10	10	20	20	20			100
次数	1	1	1	1	1	1	1	1	1			9

注：当地具体的灌溉时间应根据土壤墒情而定。

五、配套管理

（1）苗期管理　出苗后及时查苗、放苗、封孔。第2片至第3片真叶展开时，缩节胺敏感型品种用缩节胺4.5～7.5 g/hm^{2}兑水喷雾；缩节胺不敏感型，用缩节胺60～75 g/hm^2。4～5片真叶时，缩节胺敏感型用缩节胺7.5～15 g/hm^2；缩节胺不敏感型，用缩节胺60～75 g/hm^2。控制棉苗长势，促进棉苗根系下扎和早现蕾。同时，喷施25％吡虫啉1 000倍液防治棉蓟马。

（2）蕾期管理　缩节胺敏感型，盛蕾期用缩节胺30～45 g/hm^2、初花期用缩节胺45～75 g/hm^2；缩节胺不敏感型，盛蕾期用缩节胺60～75 g/hm^2、初花期用缩节胺75～90 g/hm^{2}进行化学调控。同时，喷施1.8％阿维菌素300～450 g/hm^2＋2.5％氯氟氰菊酯、3％啶虫脒可湿性粉剂600～750 ml/hm^2，防治棉叶螨、棉铃虫、蚜虫等病虫害。

（3）花铃期管理　在果枝台数达到8～10台时应立即打顶。北疆7月上旬打顶完成。打顶做到“一叶一心”，漏打率控制在2％内。打顶后7～10 d内化学封顶，缩节胺敏感型用缩节胺120～150 g/hm^2，缩节胺不敏感型用缩节胺150～225 g/hm^2，长势过旺棉田，追控1次，间隔10 d。同时，喷施30％噻虫嗪300～450 g/hm^2＋1.8％阿维菌素450～600 g/hm^2，防治后期可能发生的棉叶螨、棉铃虫、蚜虫等病虫害。

六、收获

（1）喷施催熟剂和脱叶剂　一般在9月上旬，在棉花自然吐絮率达到50％以上，且连续7～10 d内平均温度稳定在18～20 ℃，喷洒54％噻苯隆·敌草隆12～15 g/hm^{2}和40％乙烯利20～40 g/hm^{2}进行脱叶与催熟，喷施2次，间隔7～10 d。喷药时应雾化良好，棉叶均能接受到雾滴。

（2）及时采收　脱叶率达到90%以上，吐絮率达到95%以上时即可机械采收。

（3）设备回收　及时回收滴灌设备、滴灌带（管）等，并将滴灌设备中的干管和支管拆卸、编号、清洗、分类、入库，以备下一年使用。

（4）地膜回收和秸秆还田　依据《新疆维吾尔自治区农田地膜管理条例》及时回收残留地膜；秸秆粉碎还田后深翻犁地，深度25～30 cm。

案例六　北疆小麦滴灌水肥一体化技术

一、适用范围

本技术适用于新疆北疆区域膜下滴灌小麦的日常水肥管理。

二、主要技术指标

（1）品种选择　结合北疆地区各地小麦的生态类型，合理选择产量 7 500～9 000 kg/hm^2，抗寒力中等以上，抗旱、抗病性强，综合性好的品种。品质指标达到面粉加工企业等级粉的要求。如新冬 18、新冬 22、新春 37 等。

（2）选地与轮作　选择地势平坦、土层深厚，具有中等以上肥力地块，即耕层土壤含有机质 12 g/kg、碱解氮 60～80 mg/kg、有效磷 8～10 mg/kg、速效钾 150～200 mg/kg 以上。要合理轮作倒茬，重茬不超过 3 年。

（3）播前整地　达到犁条直、土块松碎、扣茬严密，地头地边犁到，地面平整，播种前要精细耙、耱、整地，整地质量达到“齐、平、松、碎、净、墒”六字标准。

（4）滴灌系统布置及管理　毛管布置按照设计压力运行，严格按照滴灌系统设计的轮灌方式灌水，当一个轮灌小区灌溉结束后，先开启下一个轮灌组，再关闭当前轮灌组，谨记先开后关，严禁先关后开，以保证系统正常工作。

播种采用一条龙作业，播种、铺设滴灌带（毛管）一次性完成，毛管铺设在土壤 1～2 cm 深处。铺管方式为：沙壤土，播种采用一管六行，3.6 m 播幅，播 24 行小麦，铺设 4 条毛管，小麦行距 12.5 cm，铺设毛管位置小麦行距为 20 cm；壤土或黏土地，3.6 m 播幅，播 24 行小麦，铺设 5 条毛管，中间的毛管一管滴五行小麦，播种机交接行的毛管一管滴四行小麦。

（5）栽培模式及群体指标

① 冬小麦主要技术指标。产量目标：7 500～9 000 kg/hm²。群体结构为：冬小麦早熟品种，有效穗数 570 万～645 万/hm²，穗粒数 30～33 粒，千粒重 43～48 g，基本苗 375 万～450 万/hm²，冬前最高总茎数 1 025 万～1 200 万/hm²。冬小麦中晚熟品种，有效穗数 555 万～615 万/hm²，穗粒数 33～35 粒，千粒重 41～46 g，基本苗 330 万～375 万/hm²，冬前最高总茎数 1 050 万～1 125 万/hm²。②春小麦主要技术指标。产量目标：7 500～9 000 kg/hm²。群体结构为：高产品种，基本苗 480 万～540 万/hm²，最高总茎数 1 125 万～1 200 万/hm²，成穗数 540 万～600 万/hm²，穗粒数 35 粒以上，千粒重 40 g 以上。③栽培模式。采用 24 行谷物播种机进行等行距 15 cm 条播，不同品种小麦播种量要根据分蘖成穗特性、播种、种子质量、土壤地力等统筹，建议不超过 30 kg/hm²。

三、灌溉制度

在新疆北疆区域，小麦籽粒 6 000 kg/hm² 以上为目标产量，膜下滴灌条件下，冬小麦全生育期一般灌水 8 次（包括滴出苗水），总灌溉定额 4 200～4 650 m³/hm²，随水施肥 5～6 次。春小麦全生育期一般灌水 7 次（包括滴出苗水），总灌溉定额 4 200～4 650 m³/hm²，随水施肥 5～6 次。低肥力区，氮肥（N）推荐施用量为 255～285 kg/hm²，磷肥（P_2O_5）为 105～120 kg/hm²，钾肥（K_2O）为 45～60 kg/hm²；中等肥力区，氮肥（N）推荐施用量为 255～285 kg/hm²，磷肥（P_2O_5）为 80～105 kg/hm²，钾肥（K_2O）为 30～45 kg/hm²；高肥力区，氮肥（N）推荐施用量为 195～225 kg/hm²，磷肥（P_2O_5）为 75～90 kg/hm²，钾肥（K_2O）为 15～30 kg/hm²。氮、磷、钾肥（纯量）施用比例范围为 1∶0.35～0.45∶0.10～0.20。水肥一体化肥料应符合《水溶肥料汞、砷、镉、铅、铬的环境要求》NY 1110 和《水溶性肥料》HG/T 4365 的规定。

四、施肥方案

（1）滴灌冬小麦水肥一体化技术（表 8-11）

① 滴出苗水。一般冬麦 9 月下旬播种，采用干播湿出，根据天气情况适时滴出苗水，灌水定额 225～300 m^3/hm^2，随水施肥 1 次，施用氮肥（N）15 kg/hm^2、磷肥（P_2O_5）7.5 kg/hm^2。

② 分蘖至越冬期。10 月下旬至翌年 3 月根据土壤墒情和小麦长势适时灌水。灌水定额 420～450 m^3/hm^2，随水施肥氮肥（N）33.75～38.25 kg/hm^2、磷肥（P_2O_5）7.5 kg/hm^2。

③ 返青至拔节期。3 月下旬至 4 月下旬一般灌水 2 次，灌水定额 525～555 m^3/hm^2，随水施肥 1 次，施用氮肥（N）56.25～63.75 kg/hm^2、磷肥（P_2O_5）18～21 kg/hm^2、钾肥（K_2O）10.5 kg/hm^2。

④ 拔节至开花期。5 月中上旬至 5 月下旬灌水 3 次，每次灌水定额 555～600 m^3/hm^2，随水施用氮肥 2 次，磷肥和钾肥各 1 次，每次施用氮肥（N）45～60 kg/hm^2、磷肥（P_2O_5）18～21 kg/hm^2、钾肥（K_2O）10.5 kg/hm^2。

⑤ 开花至成熟期。6 月上旬至 7 月上旬灌水 3 次，每次灌水定额 525～600 m^3/hm^2，随水施肥 1 次，每次施用氮肥（N）45～60 kg/hm^2、磷肥（P_2O_5）22.5～30 kg/hm^2、钾肥（K_2O）10.5 kg/hm^2。

表 8-11　滴灌冬小麦生长期水肥一体化优化配置比例

	生育阶段	基肥	分蘖至越冬	返青至拔节	拔节至开花	开花至成熟	全生育期
水分	分配比例（%）		10	25	40	25	100
	参考灌水量（m^3/hm^2）		420～450	1 050～1 125	1 780～1 800	1 050～1 125	4 200～4 500
	灌水次数（次）		1	2	3	2	8

（续）

	生育阶段	基肥	分蘖至越冬	返青至拔节	拔节至开花	开花至成熟	全生育期
氮肥	分配比例（%）		15	25	40	20	100
氮肥	随水施肥次数（次）		1	1	2	1	5
磷肥	分配比例（%）	30		20	25	25	100
磷肥	随水施肥次数（次）			1	1	1	3
钾肥	分配比例（%）			35	35	30	100
钾肥	随水施肥次数（次）			1	1	1	3

（2）滴灌春小麦水肥一体化技术（表 8－12）

① 出苗至拔节期。一般春麦 4 月中下旬播种，采用干播湿出，根据天气情况适时滴出苗水，灌水 2 次，灌水定额 525～600 m^3/hm^2，随水施肥 1 次，施用氮肥（N）15 kg/hm^2、磷肥（P_2O_5）7.5 kg/hm^2。

② 拔节至开花期。5 月上旬至 5 月下旬灌水 3 次，每次灌水定额 555～600 m^3/hm^2，随水施入氮肥 2 次，磷肥和钾肥各 1 次，每次施用氮肥（N）45～60 kg/hm^2、磷肥（P_2O_5）18～21 kg/hm^2、钾肥（K_2O）10.5 kg/hm^2。

③ 开花至成熟期。6 月上旬至 7 月上旬灌水 2 次，每次灌水定额 525～600 m^3/hm^2，随水施肥 1 次，每次施用氮肥（N）45～60 kg/hm^2、磷肥（P_2O_5）22.5～30 kg/hm^2、钾肥（K_2O）10.5 kg/hm^2。

表 8-12　滴灌春小麦生长期水肥一体化优化配置比例

	生育阶段	基肥	出苗至拔节	拔节至开花	开花至成熟	全生育期
水分	分配比例（%）		25	50	25	100
	参考灌水量（m^3/hm^2）		1 050～1 125	2 100～2 250	1 050～1 125	4 200～4 500
	灌水次数（次）		2	3	2	7
氮肥	分配比例（%）		25	55	20	100
	随水施肥次数（次）		1	2	1	4
磷肥	分配比例（%）	20	20	30	30	100
	随水施肥次数（次）		1	1	1	3
钾肥	分配比例（%）	0	35	35	30	100
	随水施肥次数（次）		1	1	1	3

五、配套栽培措施

（1）化除防控　滴灌小麦灌水条件改善，水肥充足，生长较旺盛，实现高产高效要做好防倒伏工作。在适当降低播种量，控制水肥的同时，在冬小麦起身期，喷施矮壮素 3.75 kg/hm^2。

（2）防除麦田杂草　麦田恶性杂草主要是：野燕麦、狗尾草等禾本科杂草及灰藜、田旋花等双子叶杂草。防除杂草主要实行农业措施和人工拔除，特别严重的地块进行化学除草。防除野燕麦草、狗尾草用 6.9%骠马乳油 40～50 ml 兑水 30 kg，在燕麦草 3～15 叶期喷施。双子叶（阔叶）杂草防除，用 20%使它隆乳油 50 ml 兑水 30 kg，在小麦 3～4 叶期喷施。

（3）综合防治病虫害　小麦病虫害的防治以农业措施和生物防治为主，通过选用抗病品种、轮作倒茬，深耕晒垡、控制群体，改善田间通风透光条件，限制浇水过多等措施控制病虫害的发生。小麦常见病害有散黑穗病、腥黑穗病、白粉病、锈病等。

小麦黑穗病用3%敌萎丹进行种子处理。小麦白粉病、小麦锈病一般年份不防治，个别重病地块病情指数达到20%～30%时，用25%粉锈宁乳油50 g兑水30 kg，在发病初期喷施一次，锈病严重地块小麦扬花后期再喷施一次。

（4）及时收获，防止雨淋，保证品质，提高效益　小麦蜡熟中后期即为收获适宜期，收获后产量高、品质好。机械收割应当在蜡熟后期，籽粒变硬，茎穗干枯后进行。对落粒性强、口较松的品种，收获期应当提前收获。

案例七　北疆玉米滴灌水肥一体化技术

一、适用范围

本技术适用于北疆地区滴灌玉米种植的水肥管理。

二、主要技术指标

（1）品种选择　根据气候和栽培条件，选择高产、优质、抗性强的耐密型优良品种。同时要求株型紧凑，穗位上各叶片上冲，穗部以下叶片平整，茎节间粗短，以利于密植。

新疆天山以北至准噶尔盆地南缘的带状区域可选用郑单958、先玉335、KWS 3564等。

（2）选地与轮作　前茬以绿肥翻耕地、休闲地为上茬，麦类、棉花以及瘠薄地、保肥保水性能差的沙土地次之（pH＜8.5，总盐量＜0.2%）。

（3）播前整地　选择土层深厚、肥力中等以上地块，清除前茬作物根茬，合墒耕翻，深度以20～30 cm为宜，耕后及时耙、耱、整地。杂草危害严重的地块，用50%禾耐斯乳剂或金都尔500～800倍液进行地面机械喷洒并用钉齿耙配耱对角耙耱两遍，耙深4～5 cm，不重不漏，使药液与地表土壤均匀混合，可有效防治单子叶杂草和阔叶杂草。

（4）滴灌系统布置及管理　毛管布置按照设计压力运行，严格按照滴灌系统设计的轮灌方式灌水，当一个轮灌小区灌溉结束后，先开启下一个轮灌组，再关闭当前轮灌组，谨记先开后关，严禁先关后开，以保证系统正常工作。

在北疆区域，玉米籽粒目标产量15 000～16 500 kg/hm^2，膜下滴灌条件下，玉米全生育期一般灌水10次（包括滴出苗水），总灌溉定额4 650～5 100 m^3/hm^2，随水施肥9次。中等肥力土壤，氮肥（N）推荐施用量一般为 270～300 kg/hm^2，磷肥（P_2O_5）为 105～120 kg/hm^2，钾肥（K_2O）为 45～60 kg/hm^2。氮、磷、钾肥（纯量）施用比例范围为 1∶0.38～0.48∶0.15～0.25。

（5）栽培模式及群体指标　2 行 1 管宽窄行种植，宽行80～90 cm，窄行 30 cm，株距依密度确定。建议播种密度 105 000～127 500 株/hm^2。

三、灌溉制度

（1）播种与出苗水灌溉　玉米采用宽窄行进行播种，宽行宽度为 60～90 cm，窄行宽度为 20～40 cm；窄行中间用于铺设滴灌带，根据土壤质地选择滴灌带的滴头流量；播种完成后，进行统一滴出苗水，灌水量以湿润锋超过玉米播种行 12～18 cm 为宜，滴水量不少于 195 m^3/hm^2 亦不高于 375 m^3/hm^2。

（2）出苗后第一水的灌溉与调控　尽量延迟第一水灌溉时间，直至玉米幼株上部叶片卷起；根据土壤墒情滴水 450～525 m^3/hm^2。

（3）生育中期肥料施用与灌溉调控　在小喇叭口期至抽穗期，通过滴灌灌溉保持土壤含水量在田间最大持水量的 70%～80%之间，用水量控制在 1 800～2 250 m^3/hm^2 之间。

（4）生育中后期肥料施用与灌溉调控　在开花期至乳熟期，通过滴灌灌溉保持土壤含水量在田间最大持水量的 80%～90%之间，用水量控制在 1 650～1 950 m^3/hm^2 之间。

（5）收获前的水肥管理　蜡熟期土壤含水量保持在田间最大持水量的 60%～70%，用水量控制在 450 m^3/hm^2 以下；完熟期以后土壤含水量控制在田间最大持水量的 65%以下。

四、施肥方案

全生育期随水施肥 6 次。具体施肥时期见表 8－13，可以根

表 8-13 玉米各次追肥比例

生育期		出苗前	拔节	小喇叭	大喇叭	抽雄	开花—吐丝	籽粒建成	乳熟
特征		播种后	第6叶完全展开，雄穗生长锥开始伸长	雌穗进入伸长期，雄穗进入小花分化期	植株可见叶与展开叶之间的差数达5叶并且上部叶片呈现大喇叭口形的日期	可见吐丝前雄穗的最后一个分枝	植株雄穗开始散粉到花丝露出苞叶	植株果穗中部籽粒体积基本形成，胚乳呈清浆状	植株果穗中部籽粒干重迅速增加并基本形成
时间段		4月20日至5月1日	6月10—20日	6月21日至7月5日	7月5—20日	7月20—31日	8月1—10日	8月10—20日	8月21日至9月1日
施肥量（kg/hm²）	尿素	0	90	120	150	150	120	90	0
	磷酸一铵	0	30	45	60	60	45	15	0
	氯化钾（或者硫酸钾）	0	45	75	75	75	45	15	0

据土壤肥力条件和玉米生长状况，适当调整施肥总量和时期，适当添加中量元素肥料和微量元素肥料。

五、配套栽培措施

（1）防治地下害虫　采用种子包衣或用50%辛硫磷乳油3 000～3 750 g/hm² 加细土375～450 kg/hm² 拌匀后顺垄条施，或用3%辛硫磷60 kg/hm² 兑细沙混合后条施防治地下害虫。

（2）苗期害虫防控　苗期害虫以防治黑绒金龟子、灰象甲为主。用1%甲维盐150～180 ml/hm² 或6%阿维·高氯300～375 ml/hm² 喷雾。

（3）防治玉米螟　化学防治在大喇叭口期用杀螟灵1号或3%辛硫磷颗粒剂撒入新叶内防治玉米螟。生物防治采用赤眼蜂防治，田间百株玉米有1～2块玉米螟卵块时开始第一次放蜂，5～6 d后第二次放蜂，两次放蜂总量22.5万～30万头/hm²。

（4）田间管理

① 苗期管理（出苗至拔节）。玉米苗期是长根、增叶、茎叶分化的营养生长阶段，决定玉米的叶片和节数。到拔节期，基本上形成了强大的根系，叶片是地上部分生长的中心。因此，管理的重点是促进根系发育、培育壮苗，达到苗早、苗足、苗齐、苗壮的"四苗"要求。查苗、补苗、定苗，及时放苗，防止烧苗，确保全苗。3～5叶期定苗，去弱苗留壮苗，如果发现缺苗，就近留双株。②中期管理（拔节至抽雄）。玉米拔节后，茎节间迅速伸长、叶片增大，根系继续扩展，雌穗和雄穗分化形成，由营养生长转向营养和生殖生长并进时期。因此，管理重点是促进叶面积增大，特别是中上部叶片，促进茎秆粗壮敦实。此期要注意防治玉米顶腐病、瘤黑粉病、玉米螟等。③后期管理（抽雄至成熟）。玉米后期以生殖生长为中心，是决定穗粒数和粒重的时期。管理重点是防早衰、增粒重、防病虫。保护叶片，提高光合强

度，延长光合时间，促进粒多、粒重。肥力高的地块一般不追肥以防贪青。

（5）收获　当玉米苞叶变黄、叶色变淡、籽粒变硬且有光泽，而茎秆仍呈青绿色、水分含量在70%以上时及时收获。根据实际需求选用根茬还田型、秸秆回收型自走式玉米联合收割机收获。收获后及时晾晒，防止淋雨受潮导致籽粒霉变，充分干燥至水分含量13%以下，脱粒贮藏或销售。收获后用根茬残膜回收机或茬地残膜回收机清除残膜，减少残膜污染。

案例八　南疆特色林果节水灌溉技术

一、区域简介

技术应用于新疆阿克苏地区，幼龄（5～8 年）核桃，位于红旗坡新疆农业大学林果试验基地。成龄核桃在温宿县核桃林场。核桃品种“温 185”，其中幼龄果树（图 8－15）0～60 cm 土层土壤质地为粉沙壤土，60～120 cm 土层为细沙；成龄核桃园（图 8－16）土壤质地为沙壤土。地下水埋深均在 6 m 以下。灌溉水源均为地下水。

图 8－15　成龄核桃水分监测

该地区为环塔盆地核桃主产区，地处天山中段的托木尔峰南麓，塔里木盆地北缘，属于典型的温带大陆性气候，昼夜温差悬殊，年平均气温 10.1 ℃，极端最高气温 40.9 ℃，极端最低气温 －27.4 ℃，年均日照 2 747.7 h，年均降雨量 65.4 mm，年均无霜期 185 d。

图 8-16　成龄核桃

二、灌水（施肥）系统

系统构成需完整、运转正常。水源、首部、管网、田间灌水器等要求设计合理，建设规范，运转高效系统需要设置合理的水质处理设施。以地表水为水源的一般设置两套过滤器，先对水源进行沉淀和粗砂过滤，加压后通过砂石过滤器＋网式/叠片过滤器过滤，然后进入灌溉系统；以地下水为水源的，一般选用离心过滤器＋网式/叠片过滤器过滤，水质较好的地下水也可以只布置一套过滤系统。首部系统需要设置压力表、闸阀、施肥装置等；型号、数量、大小根据水质和地块大小，参考设备具体技术参数。

三、核桃种植模式及管网布设

建议幼龄核桃（5～8 年）株行距 2 m×3 m，成龄核桃株行距 3 m×(4～5) m。管网部分分干、支、毛 3 级管道，干管选择 0.6 MPa 的 PVC 管，支管可选择 0.6 MPa 的 PVC 管或黑色高压聚乙烯（PE管）。选用内镶圆柱式滴灌管或压力补偿式滴灌管，田间布置时宜在距树两侧50 cm处各铺设一根滴灌管，滴头间距0.5 m，滴头流量宜2～3.75 L/h。

四、灌溉制度

灌水周期根据需水关键期和非需水关键期确定，需水关键期灌水周期为10～12 d，非需水关键期为15～18 d。成龄核桃灌溉制度具体如表8-14所示。

表8-14　核桃生育期灌溉制度表

生育期	时间	灌水周期（d）	灌水次数	灌水定额（m^3/hm^2）
萌芽期（春灌）	3月底至4月上旬	—	1	750～1 125
开花期	4月中旬至5月初	15	2	300～600
果实膨大期	5月上旬至6月初	10	3	300～600
硬核期	6月上旬至7月初	10	3	300～600
油脂转化期	7月上旬至8月下旬	10～15	2	300～600
越冬期（冬灌）	11月中上旬			1 200～1 800

注：灌水定额中，"～"前数据为幼龄核桃灌水定额，"～"后数据为成龄核桃灌水定额；冬春灌可用滴灌，亦可用地面灌。

五、农艺配套及管理技术

（1）农艺配套技术

① 4月初至5月中旬（萌芽期—开花结果期）：施有机肥，旋耕，平整土地，修剪合理树形、可进行重剪，在未萌芽前喷洒石硫合剂进行杀菌。

② 5月1日至10日抹除嫁接部位以下的实生萌蘖。春季改接核桃树上的萌蘖，7～10 d抹除1次，连抹3次。

③ 7 月初至 9 月初：喷施生物杀菌物、生物杀虫剂、稀土叶面肥。

④ 10 月下旬：采取涂白、培土或包裹等防冻措施。

（2）管理技术　在 3 月 25 日前（距萌芽期越近越好）完成冬剪，对超过 80 cm 长的光杆枝条，剪去梢部的轮生芽，短截至中上部的饱满芽；回缩光杆枝；疏除背上枝、雄花枝、细弱枝和病虫枝。夏季修剪：以抹芽、摘心、拉枝、疏枝为主，5 月下旬疏除重叠枝、轮生枝、并生枝和没有生长空间的竞争枝，6 月 15 日前完成；密切关注病虫害的发生，及时处置；当核桃的青果皮由绿变黄、部分果皮顶部开裂、容易剥离、种仁饱满、幼胚成熟和子叶变硬时，为核桃最佳的采收时期；冬季要涂白、培土、包裹等，确保安全过冬。

六、应用情况

幼龄果树试验地面积 6 667 m^2，在阿克苏地区温宿县建设示范面积 13.4 hm^2；成龄果树在温宿县红沙漠生态园林基地建成核桃微灌技术示范区 33.33 hm^2，辐射面积达 200 hm^2。成果应用后建成 33.33 hm^2 的核心示范区，示范区可节水 30%左右，节肥 20%左右，商品率提高 15%，核桃产量由 4 200 kg/hm^2 提高到 4 650 kg/hm^2 以上。

主要参考文献

《〈国务院关于实行最严格水资源管理制度的意见〉辅导读本》编写组，2012.《国务院关于实行最严格水资源管理制度的意见》辅导读本［M］. 北京：中国水利水电出版社.

程星，秦海英，王丹，等，2020. 濮阳市冬小麦抗旱节水高效栽培技术规程粮食作物［J］. 农业科技通讯（11）：229－231.

杜贞栋，2004. 农业非工程节水技术［M］. 北京：中国水利水电出版社：7.

冯建灿，郑根宝，何威，等，2005. 抗蒸腾剂在林业上的应用研究进展与展望［J］. 林业科学研究（6）：755－760.

桂法银，刘岩，2009. 冬小麦抗旱保苗和春季田间管理［J］. 种业导刊（2）：31.

郭克贞，2016. 内蒙古东部玉米喷灌技术［M］. 北京：中国水利水电出版社：5.

胡立峰，张继宗，张立峰，2019. 河北省典型缺水区适水型种植制度改革的讨论［J］. 干旱地区农业研究，37（6）：132－137.

李文华，成升魁，梅旭荣，等，2016. 中国农业资源与环境可持续发展战略研究［J］. 中国工程科学，18（1）：56－58.

廖祥政，马巧云，雷体文，2002. 抗旱优质小麦新品种豫麦 67 号的选育［J］. 河南农业科学（4）：20－21.

刘红民，庞忠义，雷庆锋，2008. 抗蒸腾剂在华北紫丁香上的应用研究［J］. 辽宁林业科技（5）：31－32，51.

刘立军，张新，韩孝军，等，2009. 冬小麦节水抗旱高产栽培技术措施［J］. 现代农业科技（14）：73.

刘新月，张久刚，卫云宗，等，2006. 优质抗旱小麦新品种临丰 3 号的选育［J］. 河南农业科学（9）：35－38.

毛克春，魏开宏，刘振怀，2011. 保水剂在果树生产中的应用及注意事项［J］. 科学种养（1）：22.

牟生海，2012. 黄土旱地小麦抗旱耕作栽培技术 [J]. 现代农业科技（9）：64，66.

石岩，刘冰雁，曲柏宏，2013. 抗蒸腾剂和光合产物积累对苹果梨叶片净光合速率日变化的影响 [J]. 延边大学农学学报，35（2）：98-102.

王浩，汪林，2019. 中国农业资源环境若干战略问题研究《农业高效用水卷：中国农业水资源高效利用战略研究》[M]. 北京：中国农业出版社.

王兴鹏，2018. 冬春灌对南疆土壤水盐动态和棉花生长的影响研究 [D]. 北京：中国农业科学院农田灌溉研究所：15-18.

吴洁，2013. 大树移植保活技术探讨 [J]. 现代园艺（20）：62-63.

吴美华，万水林，涂娟，等，2009. 抗蒸腾剂应用于赣南脐橙试验初报 [J]. 江西农业学报，21（8）：91-92，96.

许亮亮，贺明荣，黄传华，等，2009. 灌溉方式对冬小麦水分利用效率及土壤中硝态氮积累的影响 [J]. 山东农业科学（8）：30-33.

许亚权，智广俊，2008. 对春小麦抗旱性鉴定方法的商榷 [J]. 内蒙古农业科技（2）：25.

杨子光，冀天会，郭军伟，等，2009. 小麦苗期抗旱性鉴定研究进展 [J]. 内蒙古农业科技（5）：29-31，50.

张灿军，王书子，高海涛，等，2000. 抗旱高产小麦新品系洛旱 2 号的选育 [J]. 河南农业科学（6）：9-10.

张小雨，张喜英，2014. 抗蒸腾剂研究及其在农业中的应用 [J]. 中国生态农业学报，22（8）：938-944.

张岩，2020. 沟灌在节水灌溉中的应用于发展 [J]. 农业与技术，40（8）：68-70.

赵彬，唐映军，夏燕，等，2010. 小麦抗旱栽培技术 [J]. 大麦和谷类科学（4）：25-26.

赵军伟，2014. 适水种植结构优化技术的推广与应用 [J]. 河北水利（8）：31.

赵艳秋，2011. 冬小麦抗旱管理技术 [J]. 种业导刊（2）：20，22.

图书在版编目（CIP）数据

节水农业实用问答及案例分析：视频图文版 / 王春霞，梁飞，郭再华主编．—北京：中国农业出版社，2022.1

ISBN 978-7-109-28683-2

Ⅰ.①节…　Ⅱ.①王…②梁…③郭…　Ⅲ.①节水农业—案例　Ⅳ.①S275

中国版本图书馆 CIP 数据核字（2021）第 171604 号

中国农业出版社出版

地址：北京市朝阳区麦子店街 18 号楼

邮编：100125

责任编辑：魏兆猛

版式设计：杜　然　　责任校对：吴丽婷

印刷：中农印务有限公司

版次：2022 年 1 月第 1 版

印次：2022 年 1 月北京第 1 次印刷

发行：新华书店北京发行所

开本：880mm×1230mm　1/32

印张：6.25　　插页：2

字数：145 千字

定价：30.00 元
